絵と文章でわかりやすい!

図解雑学
音のしくみ

中村健太郎＝著

ナツメ社

はじめに

音はわたしたちのまわりに常にあるものです。どんなに静かだと感じられるときでも、耳を澄ませば必ず音は聞こえてきます。

それでは、音とはいったいなんでしょう。

音はあってあたりまえのものなので、どんなものでどんな性質を持っているのかとあらためて問われると、うまく答えられないのではないでしょうか。しかし、音の本質は空気の動き（ふるえ）というわかりやすい現象で、決して難しいものではありません。実際に、音とは何か、どのように振る舞うのか、といったことの基礎は19世紀までにあらかたわかってしまっています。それでは、人間は音について知り尽くしてしまったのかと言うと、そんなことはありません。

たとえば、街中をどのように音が伝わるかを精密に予測することは、今日の強力なコンピューターでもできません。また、バイオリンの名器がなぜよい音がするのかという質問にも、明確には答えられないでしょう。もとになる個々の原理はわかっていても、現実にはさまざまな条件が入りくんでいるため、それをすべて解き明かすのは容易ではないことなのです。

さらに、音は人間が感じるものであることが話をいっそうややこしくしています。われわれが聞こえたと感じていることと実際に起こっていることはかならずしも一致していないのです。例えば、音の強さが10倍になっても人間は大きさが数倍になったとしか感じません。また、まったく同じ音をある人はここちよいと感じ、別の人は不快に感じることもあるのです。これは音の物理的な特徴だけでなく、人間が音を感じるしくみにもよることです。このような人間が音を感じるしくみには現在でもはっきりしないことが多くあります。

一方、音はこの100年ほどで、エレクトロニクス技術と手を組んで、ますます人間の生活と深く関わるようになりました。最近では、ＣＤやＭＤのようなデジタルオーディオ、音声入力ワープロや音声合成などが急激に進歩しています。それとともに音を積極的に利用する技術も進歩しました。例えば、超音波という人に聞こえない音はさまざまな形で応用されており、知らないところで今日の生活を支えています。一方で、騒音のような問題も起こり、不要な音を防ぐ技術が求められるようにもなりました。

このように、音は、物理だけでなく、電気、機械、化学、土木、建築、音楽、医学、言語、心理など非常に広い分野とかかわりをもっています。

それにもかかわらず、最近では勉強しなければならないことが他にも多いためか、中学校、高校でも、理工系大学でさえも、音については十分に時間をかけられないようです。

本書は、このようなバラエティに富んだ「音のしくみ」について、身近な問題を例にあげて、やさしく説明することをめざした本です。音はどのように発生して伝わるのかという物理的なしくみから、音色や音階といった人間に感じる音の特徴、人間が音を感じるしくみ、さらには電気によって音を伝える技術や音を利用した工業技術まで説明しています。

本書を読むことで、普段あまりに身近すぎて気がつかなかった音の世界を、新しい興味を持って感じていただけると思います。

なお本書は、1999年10月5日に初版を発行した「音のしくみ」の改訂版であることをお断りしておきます。

中村　健太郎

Contents

第3章　音の分析とここちよい音の秘密

第4章　耳と声の科学

第5章　電気と音～音を記録／再生する

第6章　超音波と音の技術

第1章

音って何だろう

音に囲まれた世界

日常生活の中の音

机をたたいたり、手を打ったりすると音が出る。物をこすったり、ひっかいたりしても音が出る。風が吹いても、水が流れても、火が燃えても音がする。

目の前を行きすぎる車のエンジン音、タイヤが道路をとらえる音。繁華街の喧噪《けんそう》、はたまた耳をつんざくジェット機の音など、現代社会には大きな音があふれている。

しかし、静かな公園を歩くと、自分の足音が聞こえ、家中が寝静まった深夜の台所では、冷蔵庫のうなり声のようなモーター音が聞こえる。あるいは、静かな夜の雑木林のなかでも、夜行性の鳥類や虫たちの鳴き声が聞こえる。

たとえ、何も音がしていないように思えるときでも、耳を澄ませば、何がしかの音は耳に入ってくるものだ。目を手で覆えば何も見えないが、耳をふさいでも大きな音をさえぎることは難しい。われわれの生活は、音に囲まれているといってもいい。また、われわれの一挙手一投足が新たに音をつくり出している。

その中には、快適に感じる音もあれば不快に感じる音もある。騒音問題を引き起こす音もあれば、われわれに安らぎを与える心地よい音もあるのだ。

このように、一口で「音」といっても、大きな音／小さな音（音の大きさ）、高い音／低い音（音の高さ）、透明感のある音／にごった音（音色《ねいろ》）など、その姿もさまざまである。

音はわれわれにとってあまりに身近すぎて、その存在すら忘れてしまうことがある。「音のしくみ」を考える前に、もうすこし、音の世界の入口を訪ねてみよう。

いろいろな音

日常生活の中には、いろいろな種類の音があふれている。われわれの耳には、たくさんの音が無意識のうちに入ってきている。

街中の音

風の音
人の話し声
BOO
タイヤの音
自動車の
エンジン音

室内の音

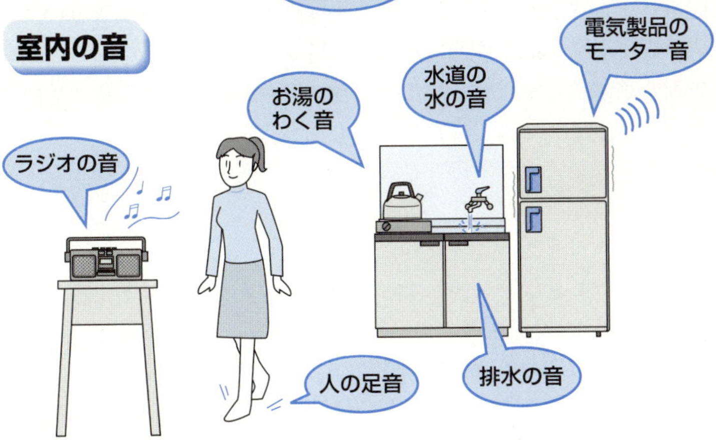
電気製品の
モーター音
水道の
水の音
お湯の
わく音
ラジオの音
人の足音
排水の音

音と人間

「単なる音」から「高度な情報」へ

「静寂《せいじゃく》」ということばで表される、何も聞こえないような場合でも、耳を澄ませば必ず音に行き当たる。

実際に、まったくの無音状態は音響機器の実験で使われる「無響《むきょう》室《しつ》」と呼ばれる部屋の中でしか体験できない。音のない世界というのは、地球上では人工的につくり出さなければ生まれないものなのだ。

そんな無音状態の中では、さぞかし周囲の音にじゃまされず、気分が落ち着くだろうと思うのは大きな間違いで、そういう状態に置かれた人間は非常なストレスを感じるのである。それは、人類が地球に誕生して以来、自然界のさまざまな音に囲まれながら生活してきたし、その音を頼りに周囲の状況を知ったり、危険の到来を感知してきたからではないだろうか。

音を聞くことによって、人はその音を出している物の方向を瞬時《しゅんじ》に知ることができる。目に見えない背後で起こったことがわかるのだ。何が音を出したのか、何が起こったのかさえ、その音を頼りに素早く判断を下すことができる。このような能力には、脳の活動が重要な役割を果たしていることは言うまでもない。今日のスーパーコンピュータでも及ばないような巧みな解析を高速に行って、音を単なる信号から高度な情報へと加工しているのだ。

われわれが日ごろ感じ取っている音とは、このような脳の活動の果てのものであることを知っておく必要がある。実際に物理的に起きている音の現象が、測定器のように忠実に認識されているわけではない。

一方で、ことばを操って複雑なコミュニケーションを行うことで、われわれの音の世界はさらに別の発展をとげてきたし、音楽の世界もつくりあげてきた。

音の重要性

無音状態に置かれると…

無響室《むきょうしつ》：外からの音は入らない。内部の音は吸い取られる。

音のない世界では、かえって気持ちが落ち着かない。

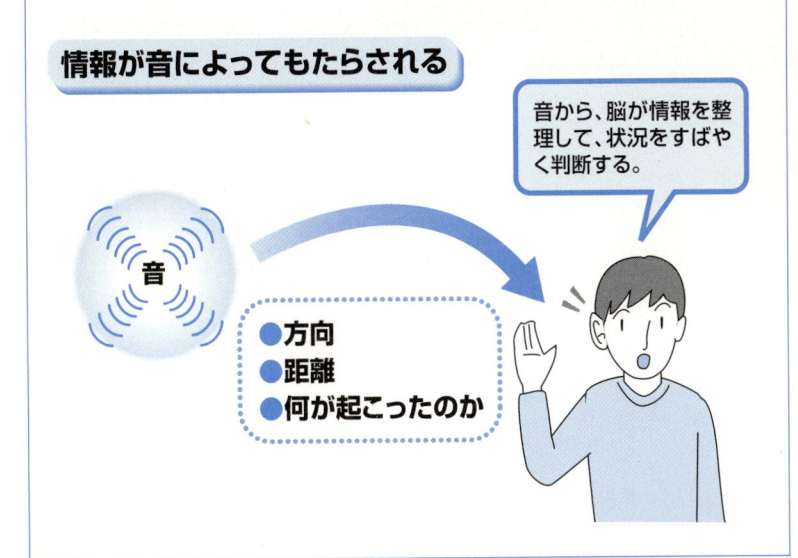

情報が音によってもたらされる

音から、脳が情報を整理して、状況をすばやく判断する。

人に聞こえる音と聞こえない音

「超音波」と「超低周波」

世界は音に満ちあふれている。しかし、人が聞こえたと感じることができる音は実はその一部で、人に聞こえないほど高い音、低い音というものもある。

一般に、人に聞こえる音の高さの範囲（可聴範囲《かちょうはんい》）は、低いほうで20ヘルツ、高いほうで2万ヘルツくらいまでの間であり、こうした人に聞こえる音を可聴音《かちょうおん》と言う。ヘルツという単位（Hzと書く）については後でくわしく説明するが（32ページ参照）、この単位は音の波が1秒間に振動する回数（周波数《しゅうはすう》または振動数《しんどうすう》）を表している。ここでは、周波数が小さい数値であるほど低い音で、大きな数値であるほど高い音であるということだけを、覚えておいてもらいたい。

人の耳に聞こえないほど低い音を「超低周波音《ちょうていしゅうはおん》」と呼び、人の耳に聞こえないほど高い音を「超音波《ちょうおんぱ》」と呼んでいる。

コウモリやイルカが、超音波を発してえさを見つけたりコミュニケーションをとっていることはよく知られている。しかし、コウモリやイルカだけではなく、もっと身近な動物たちのなかにも、人間には聞こえないほどの高い音を出したり聞いたりできるものも多い。このように、聞くことができる音の範囲は、生物ごとで異なっている。だから、われわれが聞いている音と同様に音を聞いているのは人間だけであり、あなたのそばにいるペットたちはわれわれと違った音の世界を持っているかもしれない。

一方、人間に聞こえないほど低い音、つまり超低周波音だが、これは、音というよりも振動や空気のゆらぎといったほうがいいかもしれない。人間の日常生活に及ぼす影響が最近注目されているが、これについては後ほど述べる。

生物ごとに異なる可聴範囲

人の可聴範囲《かちょうはんい》

人が聞くことのできる音の範囲は、およそ20Hz（ヘルツ）から2万Hz（20kHz）までである。20Hz以下の聞こえない音を超低周波音《ちょうていしゅうはおん》、2万Hz以上の聞こえない音を超音波《ちょうおんぱ》と言う。

◉人の可聴域

約20kHz以上	超音波	聞こえない
約20Hz～20kHz	可聴音	聞こえる
約20Hz以下	超低周波音	聞こえない

年をとると高音域が聞き取りにくくなることがある。
? ? ?

◉可聴範囲の比較

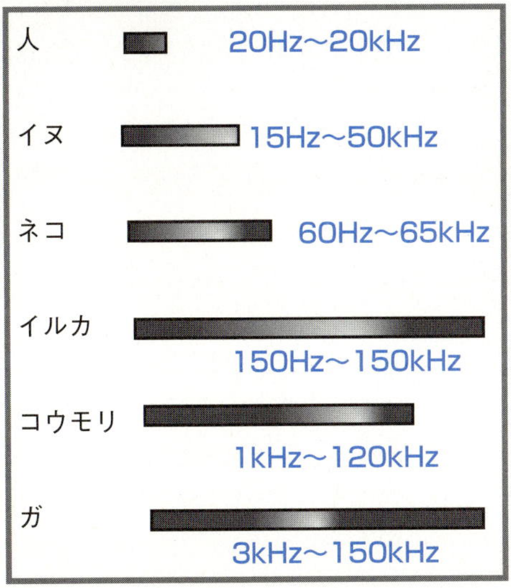
人
20Hz～20kHz
イヌ
15Hz～50kHz
ネコ
60Hz～65kHz
イルカ
150Hz～150kHz
コウモリ
1kHz～120kHz
ガ
3kHz～150kHz

身近にいるイヌやネコには、人間に聞こえない音が聞こえている。
?

音の正体

音が耳にとどくまで

さて、音は、人に聞こえないものも含めて、さまざまなかたちで存在することがわかったところで、これからしばらくは実際にわれわれに聞こえる音を例に、話を進めることにする。

まず最初に、太鼓の音が人の耳までとどく過程を考えてみよう。

太鼓をたたくと、太鼓の皮がもり上がったりへこんだりする運動を繰り返す。すると、太鼓のまわりは空気ですき間なく満たされているために、皮の動きによって空気も押されたり引かれたりする。このとき、空気は押し縮められたり引き伸ばされたりする。つまり、音が空気を伝わってくるとき、空気は押し縮められて密《みつ》になったり、引き伸ばされて疎《そ》になったりするのだ。このような空気の運動や疎密《そみつ》の変化が音の正体である。

つまり太鼓の音は、打撃によって生じた皮の振動《しんどう》が空気の疎密の変動を引き起こし、それが空気中を伝わって、われわれの耳までとどいたものなのだ。この場合、太鼓の音がわれわれの耳までとどいたのは、太鼓とわれわれのあいだに空気があったからだ。もし真空であったら、いくら激しく太鼓をたたいても、音は伝わってこない。この場合の空気のように、音を伝える物質を「媒質《ばいしつ》」という。媒質がなければ音は伝わらないのだ。

われわれにとって、音は空気を伝わって聞こえてくることが多いから、空気は音の代表的な媒質といえる。しかし、なにも空気ばかりが音を伝えるわけではない。LP ガスのような空気以外の気体や、水や油などのような液体であってもいいのだ。もちろん、固体であってもかまわないが、固体中の場合は、後で述べるように、気体中や液体中よりも複雑な音の伝わり方をする。

媒質が音を伝える

媒質《ばいしつ》とは何か

音を伝える物質を媒質と言う。空気以外の気体や、水などの液体、金属などの固体も音を伝える媒質である。

太鼓の場合

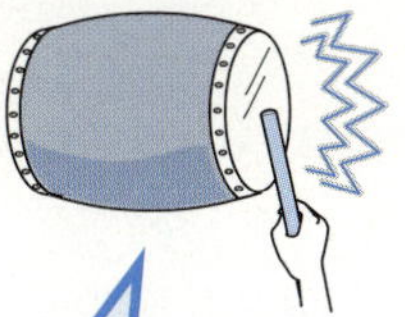

太鼓をたたくと皮が振動し、空気の疎《そ》密《みつ》の繰り返しが生じて音が出る。

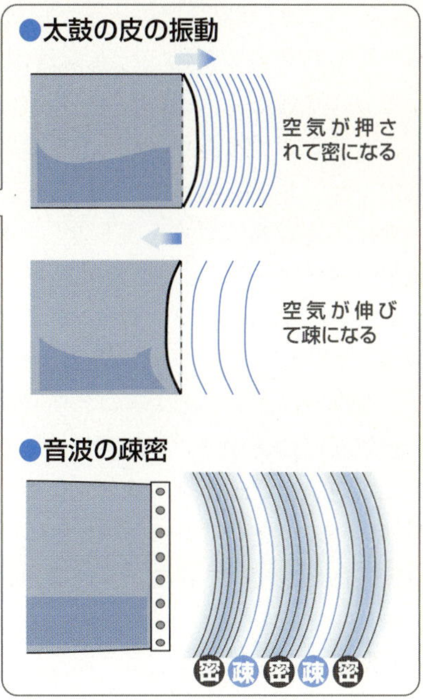
●太鼓の皮の振動
空気が押されて密になる
空気が伸びて疎になる
●音波の疎密
密
疎
密
疎
密

真空の場合

………
真空状態の箱

空気のない空間（真空）では、全く音はしない。これは、媒質となる空気がないからである。

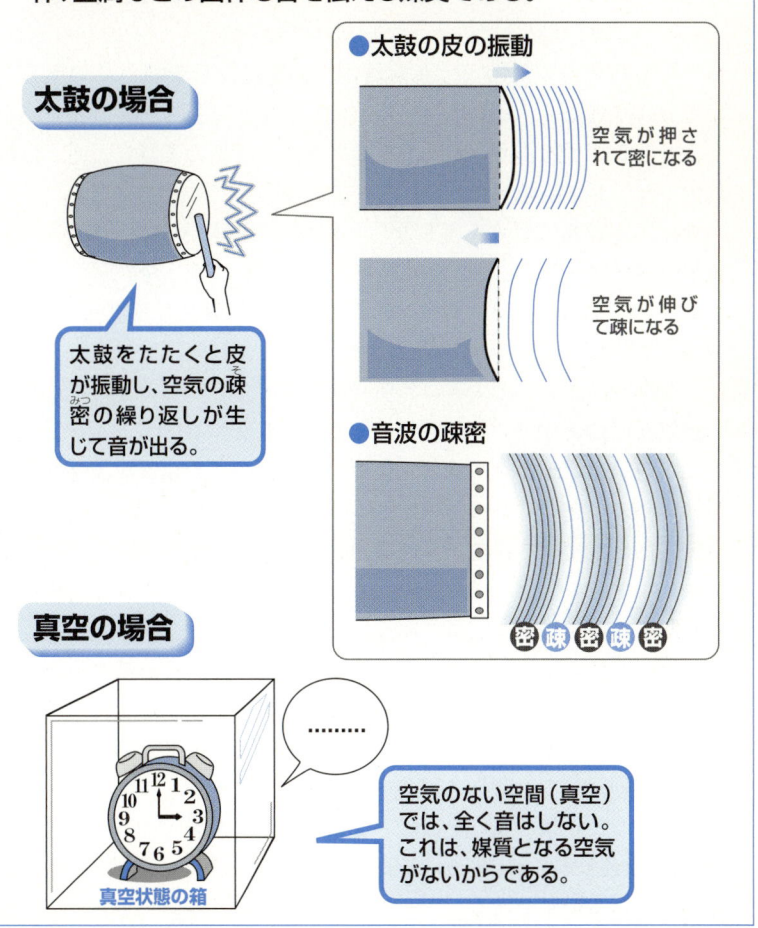

なぜ音が伝わるのか？

媒質が音を伝えるしくみ

音は空気のような媒質《ばいしつ》を伝わって、われわれの耳にとどくことを説明した。では、媒質はどのようなしくみで音を伝えているのだろうか。

その秘密は、空気のような媒質が、弾性《だんせい》と質量《しつりょう》を持っていることにある。弾性とは、ばねのように、押し縮めたり引き伸ばしたりすると、もとの体積に戻ろうとする性質である。理科の実験などで、注射器のシリンダに空気を入れて試したことがあるだろう。

また、ふだんは重さを感じない「空気」にも重さ（質量）があり、質量を持っていれば慣性力《かんせいりょく》がはたらく。慣性とは「勢いがつく」ということである。空気が動く速度を増すためには力が必要であるし、減速するためには逆向きの力が必要なのだ。同じ速度変化を起こすのに、質量が大きいほど大きな力が必要である。

空気などの音を伝える媒質は、均一で切れ目がない。どこがばねでどこが質量というように細かく分かれているわけではなく、弾性と質量が一様に分布しているわけだ。しかし、ここではこの様子を図のように、たくさんの小さなばねと小さなおもり（これを「質点《しつてん》」と言う）で表すことにしよう。このばねとおもりを無限に小さくして、限りなく多数にすれば均一な空気と同じだろう。

左端の質点が右に動くと、その右どなりのばねを押し縮めるが、このばねはこの質点を押し戻そうとすると同時に次の質点を押す。はじめの質点は少しずつ減速し、次の質点は徐々に加速する。このようなことを繰り返して、質点の運動やばねの伸び縮みが次々に伝わっていくのである。左端の質点を振動《しんどう》させれば、質点の振動あるいはばねの伸び縮み振動が次々に右方向に送り出される。これが音が空気の疎密《そみつ》として伝わる様子である。

音の伝わり方

弾性《だんせい》と質量《しつりょう》

音を伝える物質を媒質という。音を伝える媒質《ばいしつ》には、**弾性**（ばねの力）と**質量**（重さ）が必要である。

●空気の弾性

空気の入ったシリンダを押すと、ある程度まで押し縮められた空気は、反発してもとの体積に戻ろうとする。これを空気の弾性と言う。

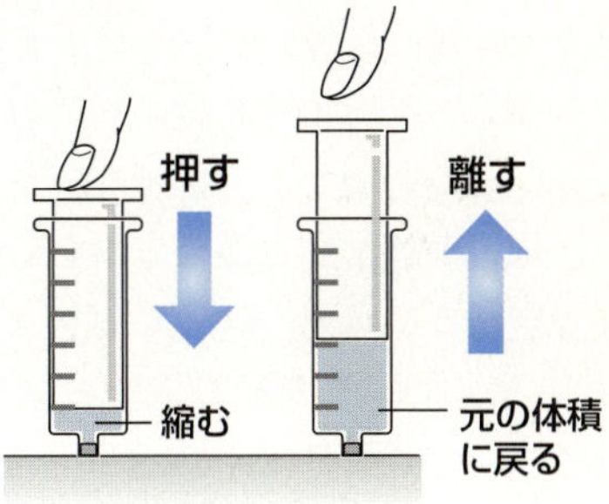

押す
縮む
離す
元の体積に戻る

●音波の伝わり方

音の伝わるようすは、ばねの付いたおもりを叩くとばねが縮み、次々と縮みが伝わっていくのと同じである。

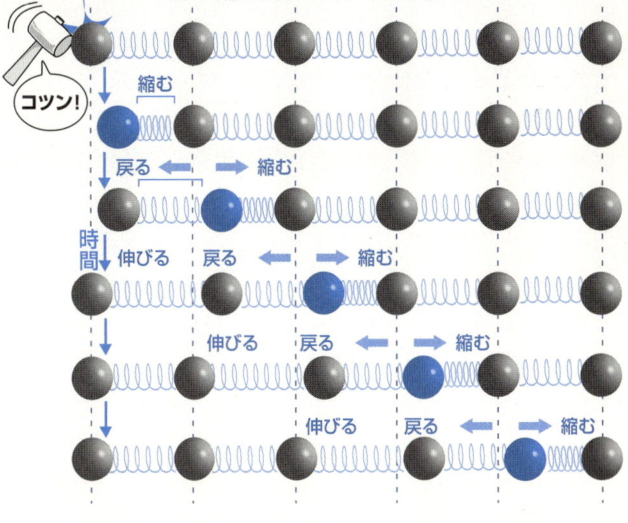

コツン!
縮む
戻る
縮む
時間
伸びる
戻る
縮む
伸びる
戻る
縮む
伸びる
戻る
縮む

縦波と横波
～波には２種類ある

空気中の音は「縦波」である

発生した音が、われわれの耳にとどくには、その音を伝える空気のような物質（媒質《ばいしつ》）が不可欠であると述べた。

しかし、音のような波動や振動《しんどう》が「媒質」を伝わる仕方はひとつではない。前の項では、音が空気中を進む様子をわかりやすく示すために、ばねの伸び縮みのモデルを用いた。それは、空気中の音は媒質である空気が、ばねのように疎《そ》密《みつ》を繰り返すことで伝わるからである。このような、波の進む方向と媒質の運動の方向が同じである波を「縦波《たてなみ》」と言う。つまり、空気中を伝わる音は縦波なのだ。

絵にするときには、音は、石を水面に投げ入れたときにできる波《は》紋《もん》のように描かれることがあるが、実際には、空気中の音は波紋のような振動の仕方では広がっていかない。波紋と同様、音は空気中を四方八方に広がってはいくが、先ほど述べたように、音は空気が疎密を繰り返すことによって、音の進む方向に振動する波だ。水の波紋とは波の振動の仕方が違っているのである。水の波紋のように、波の進む方向と媒質（この場合は水）の運動方向が直交する波は「横波《よこなみ》」と言って、縦波と区別する。

縦波を伝えるためには、疎密をもとに戻そうとするばねの性質が必要であったが、横波を伝えるためには、横ずれをもとに戻そうとする力が必要だ。固体は、疎密以外にも横ずれにも弾性《だんせい》（ばねの性質）をもっていて、これを「ずり弾性」と言っている。消しゴムをつまんでひねると、もとに戻るだろう。このずり弾性によって固体中は横波も伝わるのだ。気体や液体にはずり弾性が存在しない。水面の波紋の場合、重力や表《ひょう》面《めん》張《ちょう》力《りょく》が横ずれ（波紋では垂直方向のずれだが）を戻そうとするので、横波が伝わるわけだ。

縦波・横波の違い

音の波も、水面の波のように周囲に広がってゆく。しかし…

音の波と水面の波とでは、波の振動《しんどう》方向が異なる。

縦波《たてなみ》

●縦波は、疎密波《そみつは》であり、波の進行方向に振動する。

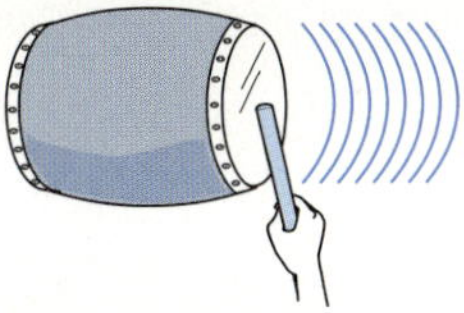

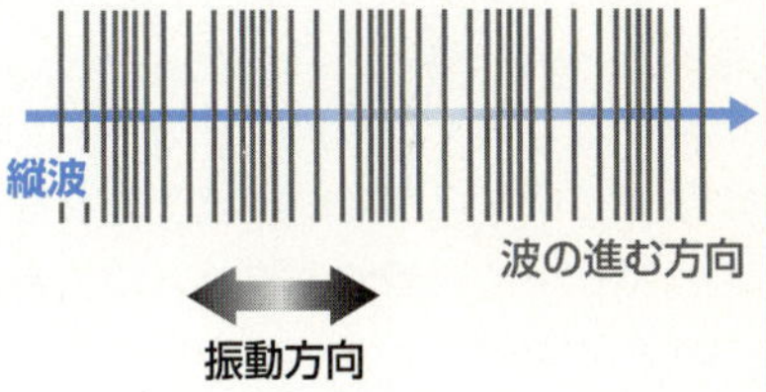

音波は、縦波である。

横波《よこなみ》

●横波は、波の進行方向に直交して振動する。

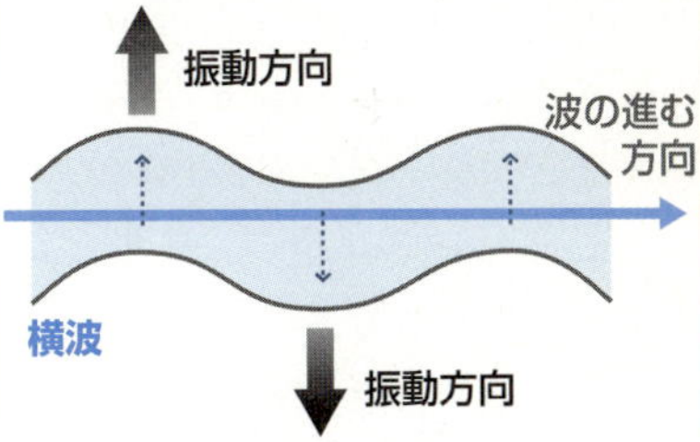

生じた横ずれをもとに戻そうとする力(ずり弾性《だんせい》)と質量によって、波が伝わっていく。水面の波の場合、ずり弾性のかわりに重力や表面張力が横ずれをもとに戻す。

液体中を伝わる音

水中のほうが速く遠くにとどく

水面に広がる波紋《はもん》の話が出たところで、こんどは水中での音のふるまいについて考えてみよう。

音を発する音源があれば、音は水中でも伝わる。これは、水も空気と同じように疎密《そみつ》を伝える「流体《りゅうたい》」の仲間だからだ。流体とは気体や液体のことで、固体とは違って、流動的な性質を持っている。流体はだいたいなんでも、縦波《たてなみ》である音を伝えることができるのだ。しかし、ずり弾性《だんせい》が無く、横ずれの振動《しんどう》を伝える能力はないので、横波《よこなみ》は伝えることができない。つまり、水の中でも空気中と同じで、音は水面の波紋のような横波ではなく、液体の運動方向と同じ振動方向を持った縦波として進んで行くのである。

ところで、水中では音波は秒速約1500mという、空気中の4倍以上の速さで伝わる（後で述べるが、空気中では音は毎秒約340 mの速さで進む）。これは水の密度や弾性《だんせい》が空気とは違うからだ。水は空気よりも重いが、大変硬い。注射器のシリンダに入れて圧縮する理科実験でも、空気と違って、水はほとんど縮まない。しかし、全く縮まないというわけではなく、質量《しつりょう》と弾性によって縦波である音波が水の振動として伝わるメカニズムは空気と同じなのだ。

また、水中の音は空気中と比べて、弱まりにくく、遠くまで伝わるという性質がある。特に周波数が低い音（「高い音と低い音」32ページ参照）はなかなか弱まらない。同じように波として伝わる性質を持っている電波や光と比べると、音は空気中ではすぐに弱まってしまう（「音の弱まり①～「減衰」62ページ参照）。しかし、水中では電波や光より、弱まりにくく非常に遠くまでとどくのだ。この性質を応用したさまざまな技術が利用されている。

水中を伝わる音

水中の音の伝わり方

常温の水中では、音は毎秒約1500m進む。これは空気中を進む速度の4倍以上の速さである。

コン！
音源
疎《そ》密《みつ》波《は》
プールの中では、
音が速く進む。

●音波を使った実験

アメリカ西海岸で出した音を、日本やオーストラリアで受信する実験も行われようとしている。

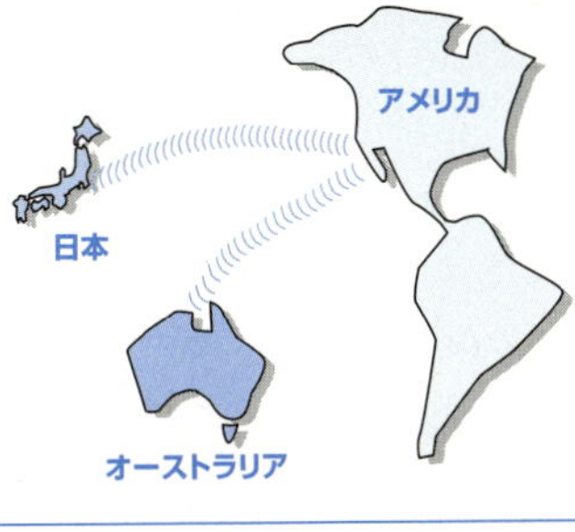

アメリカ
日本
オーストラリア

●水中の音と光の伝搬《でんぱん》の比較

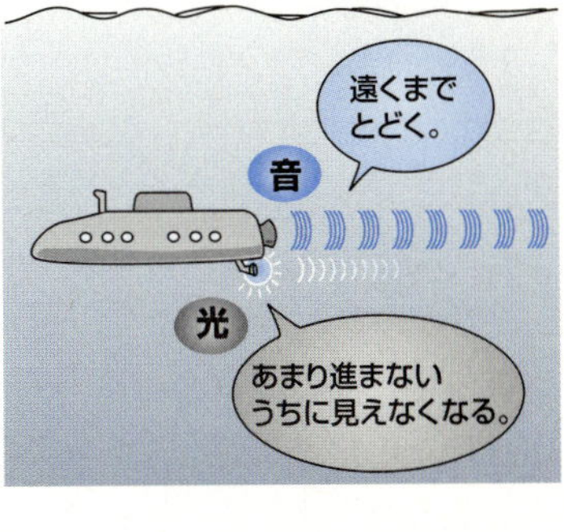

遠くまで
とどく。
音
光
あまり進まない
うちに見えなくなる。

固体を伝わる音

固体は音をよく伝える

音が伝わるのは、気体や液体などの流体《りゅうたい》ばかりではない。固体も音を伝えることができる。というよりも、流体よりも固体のほうが音をよく伝えることができるのが普通だ。固体中の音は振動《しんどう》と言ったほうがピンとくるかもしれない。

駅のホームに立っていると、電車の姿は見えないのに、線路が「カタカタ」と鳴っているのが聞こえることがある。これは、まだ遠くにいる電車の振動が線路をはるばる伝わってきているためだ。このとき、空気を伝わる音はまだ聞こえないのに、線路を伝わってくる音が聞こえるのは、線路のような硬い固体を伝わる音は空気中よりも弱まりにくいからだ。つまり、遠くからの音でも固体中を伝わってきたものは耳に聞こえる十分な強度を保っているわけだ。また、固体中では音が伝わる速さもずっと速くなる。

ところで、固体の場合には、いろいろな種類の振動が伝わる。空気や水のような流体では、圧力のような面に垂直な力しか伝えることができないが、固体の場合には、図のように、面に垂直方向と平行方向の2つの力を伝えることができるのだ（面に平行な横ずれの力を「せん断力」と言う）。何度か述べてきたように、固体にはずり弾性《だんせい》が存在するからだ。つまり、流体中では波動の進行方向と同じ方向に振動する縦波《たてなみ》しか伝わらないが、固体中では、振動方向が波動の進行方向と直交する横波《よこなみ》も伝わるのである。

また、同じ固体の中でも、縦波と横波では伝わる速度が異なる。横波の伝搬《でんぱん》速度は縦波の半分から$\frac{2}{3}$程度と遅いのだ。例えば、鉄の縦波速度は約5000m/秒だが、横波は約3000m/秒だ。いずれにしても、空中や水中よりはずっと速いことがわかるだろう。

固体中の音の伝わり方

面に対して垂直な力、平行な力

固体にはずり弾《だん》性《せい》が存在するため、面に対して平行な力も伝えることができる。

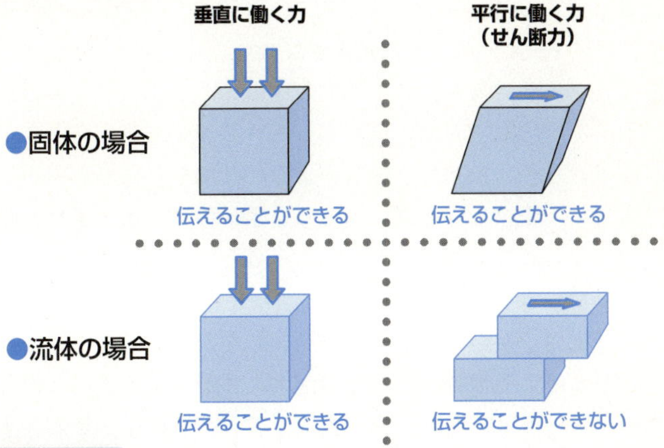

垂直に働く力
平行に働く力
（せん断力）
●固体の場合
伝えることができる
伝えることができる
●流体の場合
伝えることができる
伝えることができない

縦波《たてなみ》と横波《よこなみ》

地震の際、はじめにガタッとゆれて（縦波）、その後ユサユサとゆれる（横波）ことがある。

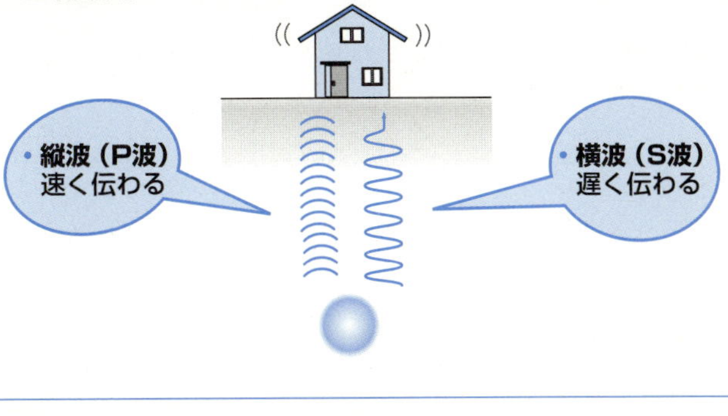

・縦波（P波）
速く伝わる
・横波（S波）
遅く伝わる

糸電話をつくってみよう

振動と音

糸電話をつくったことがある人は多いだろう。もし、経験がなければ、さっそくつくってみよう。紙コップ2つ、セロハンテープ少々、そして、5〜6メートルの糸があればよい。

紙コップの底の真ん中に小さな穴をあけて糸を通し、糸の端をセロハンテープでコップの底に留める。これで出来あがりだ。遊び相手をさがしてきたら、糸がたるまないように距離をとって、相手にしゃべってもらう。紙コップを耳に当てると相手の声がはっきりと聞こえてくる。こんどはあなたがしゃべってみると、相手に声がとどく。

この糸電話のしくみを説明しよう。

まず、紙コップを口に当てて声を出しながらコップの底に触ってみよう。声に応じて振動《しんどう》しているのがよくわかるはずだ。この振動が糸を伝わっていって、もう一方の紙コップの底を振動させる。空気のかわりに糸が媒質《ばいしつ》となって音を伝えているのだ。

この際、糸をピンと張っておくのがミソだ。声によるコップの底の振動が糸を引っ張る力を変動させ、その力の変化が聞く側のコップの底を引っ張る力を変化させて振動させるからだ。糸の途中を指でつまんだり、物に当てたりすると音が伝わらなくなるのは、糸の振動が止められてしまうからだ。

それにしても、糸電話は意外と大きな音がする。電気を全く使わない糸電話だが、いったいどのくらいの距離まで音を伝えることができるのだろうか？　ぜひ、試してみよう。想像するよりもはるかに長い距離を音は伝わるはずだ。われわれがふだん使っている電話では、電気の力を使ってさらに遠くまで音を伝えているわけだが、そのしくみについてはこの本の後半で述べる。

糸電話が声を伝えるしくみ

固体を伝わる音は、空中を伝わる音に比べ、弱まらずに伝わる性質がある。糸電話は、その最も身近でわかりやすい例だ。

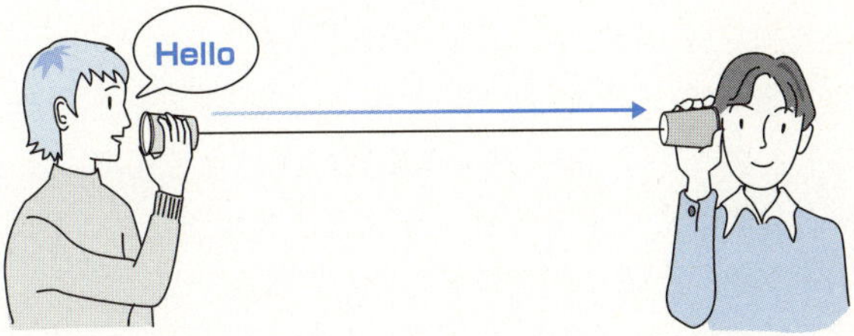
Hello

●糸電話の音の伝わり方

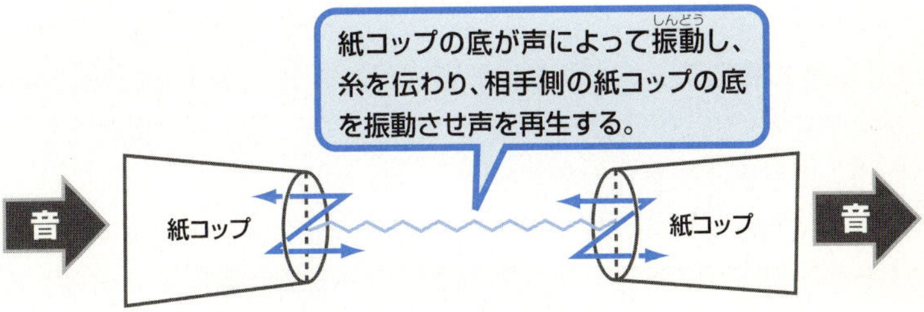
紙コップの底が声によって振動《しんどう》し、糸を伝わり、相手側の紙コップの底を振動させ声を再生する。
音
紙コップ
紙コップ
音

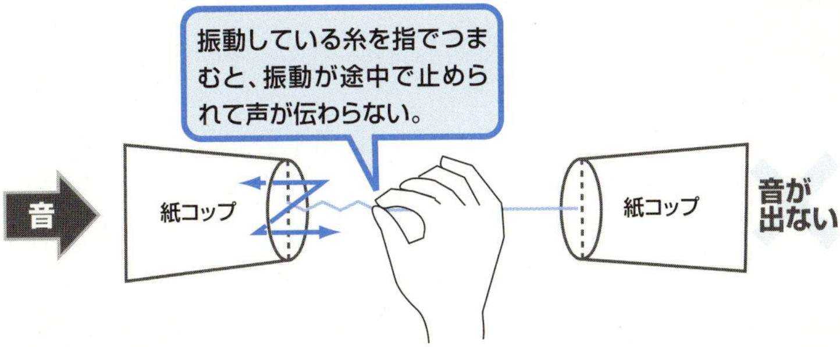
振動している糸を指でつまむと、振動が途中で止められて声が伝わらない。
音
紙コップ
紙コップ
音が出ない

音の速さ

音の速さは媒質できまる

これまでも、媒質《ばいしつ》を伝わる音の速さがときどき話題になったが、ここで音の速さについてもう少しくわしくみてみよう。

音は媒質の弾性《だんせい》と質量《しつりょう》で伝わることを述べてきたが、音の速さ（「音速」と言う）は、音を伝える媒質の弾性率と密度によって決まる。弾性率とは硬さの尺度であり、一定の量を変形させるのに必要な圧力で表示される。密度は一定体積あたりの質量である。

音は、媒質が硬く、軽いほど速く伝わる。先に述べたばねと質点《しつてん》のモデルでは、ばねが硬く質点が軽いほど音速が速いことになる。正確には、弾性率を密度で割り算したものの平方根《へいほうこん》が音速となる。常温の空気中では約341m/秒であり、これがいわゆるマッハ1で、時速約1200kmに相当する。光や電波の速さが毎秒30万km（地球約7周半）であることに比べれば比較にならないほど遅いが、1時間で東京から九州までとどく計算になる。

また、音を伝える媒質の弾性率や密度は温度などの環境条件で変化するが、空気中の音速は主に気温に左右される。温度が上がると音速が速くなるのが普通だ。常温付近の空気では1℃温度が上がると約0.6m/秒音速が速くなる。気体の種類が異なれば、当然音速も異なってくる。

一方、これまで述べてきたように、水中や金属中でも音は伝わるが、その速度は、水中で約1500m/秒、金属中で5000m/秒程度であり、ダイヤモンドのような硬い材料の中では10000m/秒以上という高速になる。ただ、空気や水などの流体《りゅうたい》と違って、固体中では波動として異なった性質を持ついくつかの音波が存在して、それぞれ速度が異なることは、「固体を伝わる音」（24ページ）で説明したとおりだ。

音速を決めるもの

音速

音速は、媒質《ばいしつ》となる物質の、密度《みつど》と弾性率《だんせいりつ》によって決まる。

$$\text{音速} = \sqrt{\frac{\text{弾性率}}{\text{密度}}}$$

弾性率とは、一定量の変形を起こすのに必要な圧力のことである。

●媒質による音速の変化

	音　速 m/秒	密　度 kg/m^3	弾性率 Pa (パスカル)
空　気	341	1.2	14×10^4
ヘリウム	970	0.18	17×10^4
水	1480	1000	2.2×10^9
エチルアルコール	1070	790	0.9×10^9
水　銀	1380	13600	26×10^9
氷	3940	900	14×10^9
鉄	5290	7860	220×10^9
ガラス	4000～5500	2200～2600	$60 \sim 80 \times 10^9$
木	3500～4500	300～800	$3.7 \sim 10 \times 10^9$
ポリエチレン	2300	1100	5.8×10^9

音速は温度などによって変化する。
固体については縦波の音速を示してある。

風によって運ばれる音

媒質の移動と音の速さ

現代の大都市では、身の周りに音が満ちあふれているので、遠くからやってくる音に気づく機会はずいぶん減ってしまった。それでも、静かな日曜日などは遠くの運動会の喧噪《けんそう》がときおり聞こえてきたりする。このような屋外で遠方から音が伝わることには、気温が与える影響もあるが、風の効果も大きい。なぜなら、風は音の媒質《ばいしつ》となる空気の流れだから、空気の流れといっしょに音も流されるからだ。風下のほうに音は伝わりやすくなるので、敵に足音などを悟られないためには風下から近づくのが忍者の常識だ。

空気が動けば、それを伝わる音も一緒に運ばれる。電車の中を歩くことを考えてみよう。風速は音速よりも遅いから、のろのろと徐行している電車を想像してもらえばよい。電車が止まっていれば、あなたが歩く速度と、あなたが地面に対して実際に移動する速度は同じだ。しかし、電車が動いている場合、電車の進行方向に通路を歩けば、地面に対するあなたの見かけ上の進行速度は、あなたの歩く速さと電車の進む速さの和になる。これと同じで、風が吹いた場合に風上から風下に伝わる音は、風速のぶんだけ音速が速くなる。例えば、風速10m/秒のときには、無風状態で340m/秒の音速が350m/秒になる。逆に、風下から風上に伝わる音の速さは、330m/秒になる。

また、電車の例でも、地面に対して同じ距離を進んだとき、電車が運んでくれたぶんだけくたびれないが、音も、追い風の場合は遠くまで弱まらずに伝わる。図は、風が吹いているときの音の伝わり方で、風の吹く方向に対して横や斜めに進む音は、伝わる道筋が曲げられることがわかる。これからも、風下により多くの音がとどく様子が想像できるだろう。

風による音速変化

風で音が流されると…？

風が強い日に風上から音が聞こえてくるとき、実際の音速よりも風の速度分だけ速く、音がとどいている。

●風がないとき

音速
音

●風があるとき

音速 + 風速 = （見かけ上の音速）
風下では、風速の分だけ、音が速くとどく
音
音
風

風の方向によって音の伝わり方は変化する

●横風
曲げられる

●追い風
加速される

●向かい風
減速される

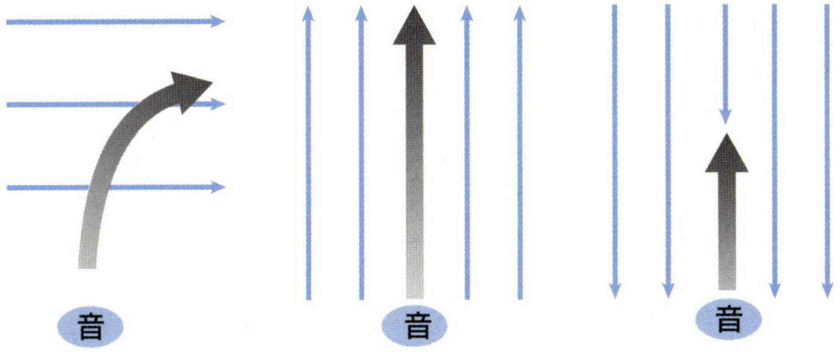
音
音
音

高い音と低い音

音の高さと振動数の関係

音には、高いと感じる音と低いと感じる音がある。この違いはどこからくるのだろうか。

音は媒質《ばいしつ》の疎密《そみつ》の繰り返し変化（振動《しんどう》）であるから、その振動には繰り返しのパターンがある。音の高低は、この振動の繰り返しの回数によって決まってくるのだ。一般に、音の高さは1秒当たりの繰り返し回数を示す「周波数《しゅうはすう》」（「振動数」と言うこともある）によって表される。周波数を表す単位にはヘルツ（Hz）という単位が用いられ、低い音は周波数が低く、高い音は周波数が高い。

人間が耳で聞くことができる音の周波数は、一般に20Hzから20000Hzくらいである。テレビの時報の「ピッ、ピッ、ピッ、ポーン」の「ピッ」が440Hz、「ポーン」が880Hzだ。電波の周波数は電気の振動回数を表しているが、ラジオの中波放送で531kHz～1602kHz（1kHz［キロヘルツ］は1000Hz）、FM放送で76MHz～90MHz（1MHz［メガヘルツ］は1000kHz）が使われている。これらに比べると音の周波数はずいぶん低い。

しかし、人間が聞くことのできる音の周波数範囲は3桁にも及んでいる。人間の目に見える光が赤色から紫色まで約2倍の周波数範囲であることを考えると、聴覚がとらえる周波数範囲はとても広いのだ。

ところで、われわれが普通にしている会話では、300Hzから3kHzくらいの周波数しか使っていない。そのために、電話は約4kHz以下の音だけが通るように設計されている。だから、電話から聞こえる音楽は高い周波数の音域がカットされているために音がよくないし、人の声も少し変化して聞こえる。後で述べるが、周波数範囲を制限すると音の印象が異なってくることがあるのだ。

音の高低と周波数

音波は波形で表現できる

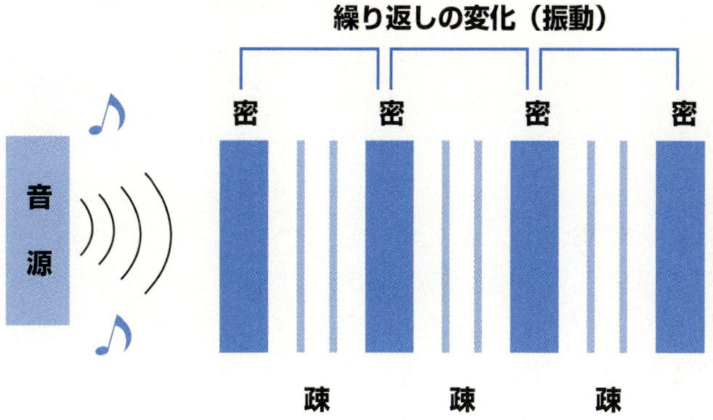

繰り返しの変化（振動）
密
密
密
密
音
源
疎
疎
疎

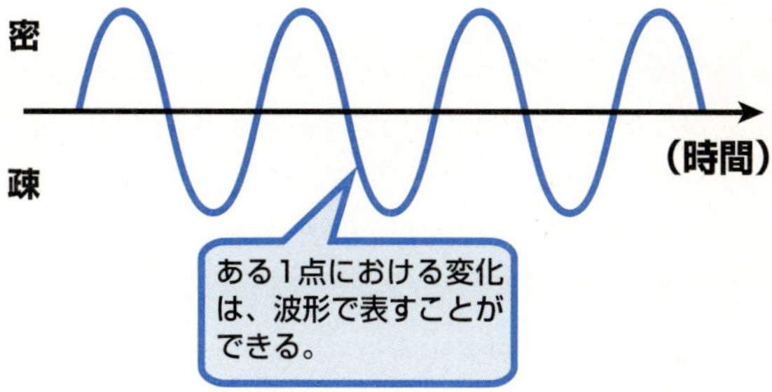

密
疎
（時間）
ある1点における変化は、波形で表すことができる。

周《しゅう》波《は》数《すう》

1秒あたり何回振動するかを表す（単位Hz[ヘルツ]）。
例えば、1秒間で1000回振動すれば1000Hz（1kHz）。

振動数が多い　＝ 周波数が高い ⇒ 高い音
振動数が少ない ＝ 周波数が低い ⇒ 低い音

大きい音と小さい音

音の大小は圧力で表す

音は疎密波《そみつは》であると説明してきたが、これは大気圧からの圧力変動であるとも言える。この変動分を音圧と呼んで、音の物理的大きさを表す。音圧は圧力であるので、圧力の単位Pa（パスカル）を使う。1Paは1平方メートルに1N（ニュートン）＝約0.1kgの力が働いている状態だ。天気予報で耳にするように、1気圧は約1000hPa（ヘクトパスカル、「ヘクト」は100倍の意味）、すなわち100000Paである。

われわれのまわりに存在する音の音圧はどれくらいだろう？ 相当小さい音で1/10000Pa以下、たいへん大きい音で1Paくらいであり、10Paでは耳が痛くなる。これからわかることは、普段われわれが聞いている音は大気圧に比べてずっと小さな圧力変動であること、われわれが聞くことができる音圧の範囲は非常に広く、6桁あるいは7桁に及ぶということだ。平均的な成人男子が聞きとることができる最も小さい音は、4kHz付近の周波数《しゅうはすう》で0.00002Paと言われていて、これを最小可聴音《さいしょうかちょうおん》と言う。最小可聴音を基準として、これより何桁大きいかで音の強さを表すのが普通である。範囲があまりに広いので、桁で表さないとゼロばかり並んで、比べるのが大変だからだ。数学でこれを対数表示《たいすうひょうじ》と言うが、これがB（ベル）という単位である。実際には、桁数に20をかけたdB（デシベル）という単位が使われる。「音圧レベル××dB」という言い方をして、これをSPL(Sound Pressure Level)と略して書くこともある。

音は振動《しんどう》なので、例えば1000Hzの音では、1秒間に1000回圧力変化を繰り返しているわけだ。ある瞬間の音圧を特に「瞬時音圧《しゅんじおんあつ》」といっているが、ふつう音圧と言えば、瞬時音圧の2乗の時間平均値の平方根《へいほうこん》のことを指している。これを実効値《じっこうち》という。

圧力変化と音の強さ

音の強さ＝空気の圧力変動の度合い

●大きい音

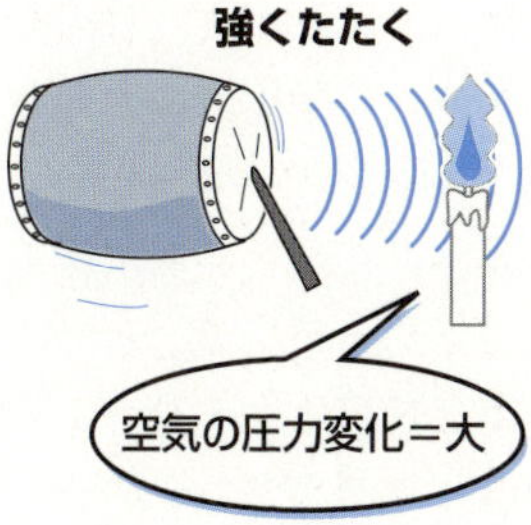

●小さい音

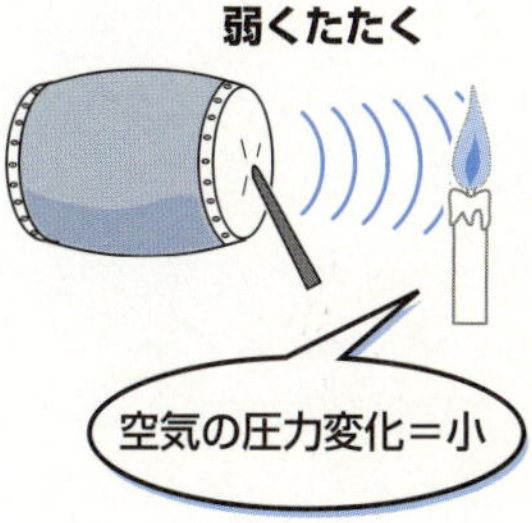

言葉の使い分けとして「音の強さ」は音の物理的エネルギーを、「音の大きさ」は人の感じる音の大きさ（ラウドネス　P36）を表す。

音圧レベル

dB（デシベル）＝ 人間が聞くことができる最小の音の音圧に比べて、何桁大きいかという値に20をかけた数値。

●主な音の音圧レベル

	音　圧 [Pa]	音圧レベル [dB]
最小《さいしょう》可《か》聴音《ちょうおん》	0.00002	0
ささやき声（1m）	0.0002	20
会話（1m）	0.02	60
混雑した街	0.2	80
地下鉄内	0.5	90
ジェットエンジン（50m）	20	120

（　）内は音源との距離

音の大きさと周波数の関係

人の耳は、4kHz近辺の音に敏感である

人間が普通に聞くことができる音（可《か》聴《ちょう》音《おん》）の範囲は、「音の高さ」、すなわち周波《しゅうは》数《すう》で20～20000Hzだ。しかし、この周波数範囲内でも耳の感度は周波数によって大きく異なっている。

一般に人の聴覚は4kHz付近で最も感度がよくなり、低い周波数や高い周波数では感度が低下するという性質を持っている。赤ちゃんの泣き声や女性の悲鳴はおよそ人間の耳が最高感度となる高さの音なのでよく聞こえる。反対に、低い音や高い音には感度が低いので、同じ大きさに聞こえても、実際の物理的な音圧レベルはずっと高い。

物理的な音圧レベルではなく、人間の耳に感じる大きさで表したものを「ラウドネス」と言い、音圧レベルと区別して用いる。どの周波数のどれくらいの音圧レベルの音が同じ大きさに聞こえるかを表したものが「等ラウドネスレベル曲線」だ。何本も曲線があるが、ひとつの曲線上の音はみな同じ大きさに感じる。ラウドネスは「フォン」という単位で表し、1000Hzで40dBの音圧の音と同じ大きさに聞こえる音を40フォンとしている。例えば、同じ40dBの音圧レベルでも、100Hzならば35フォン程度、50Hz近辺まで下がるとほとんど聞こえなくなってしまう。人に聞こえる最も低い周波数の20Hz近辺の音が聞こえるためには、70dB程度の音圧レベルが必要になる。音圧にすると、実に3000倍の差である。

等ラウドネスレベル曲線をみると、音圧レベルの小さい音は周波数によって感度差が大きく、音圧レベルの大きい音では周波数による差が縮まることがわかる。特に、低い周波数でその傾向が目立っている。騒音は人の感じる大きさで議論しないと意味がないので、40フォンの音に対する耳の周波数特性で補正した音圧レベルで表す。

人が感じる音の大きさ

音圧レベルと音の大きさ

音の強さは、音圧という物理量で表せる。しかし人は、音圧が2倍になっても、音の大きさが2倍大きくなったと感じるわけではない。そこで、人間の音の感じかたを感覚量として表した数値を、ラウドネスと呼び、音圧レベルとは区別する。

●等ラウドネスレベル曲線（同じ大きさに聞こえる音の等高線）

（Robinson&Dadson,1956 ）

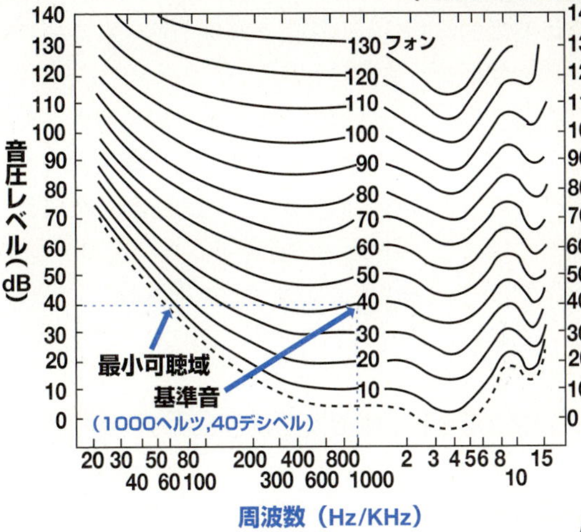

音圧レベル（dB）
0
10
20
30
40
50
60
70
80
90
100
110
120
130
140
130 フォン
120
110
100
90
80
70
60
50
40
30
20
10
最小可聴域
基準音
（1000ヘルツ,40デシベル）
20 30 40 50 60 80 100 200 300 400 600 800 1000 2 3 4 5 6 8 10 15
周波数（Hz/KHz）

オギャー！

キャー！

赤ちゃんの泣き声や女性の悲鳴は人間の耳が最高感度となる4kHz付近である。

音の周期と波長の関係

波長の長さが音の伝わり方を決定する

波の振動の一定時間あたりの繰り返し回数が周波数《しゅうはすう》であるのに対して、1回繰り返すのにかかる時間が「周期《しゅうき》」である。したがって、周期は周波数の逆数である。例えば、1000Hzの音の周期は $\frac{1}{1000}$ =0.001秒である。つまり、1000Hzの音は、1秒間に1000回の振動を繰り返しており、1回の振動当たり0.001秒かかっている。

このように時間的な繰り返し間隔が周期と呼ばれるのに対して、場所的な繰り返し間隔を「波長《はちょう》」と言う。

つまり、波長とは、音圧の最大点からその隣の最大点までの距離のことである。音速が1秒間に音波の進む距離、周波数が1秒間に音圧の最大・最小を繰り返す数であるから、音速を周波数で割り算すれば波長が求まる。例えば、1kHzの音波の波長は「音速340m/秒÷1kHz（1000Hz）＝34cm」である。このように、周波数、伝搬速度《でんぱんそくど》（音速）、波長の間には一定の関係があるので、一般には、これら3つのうち2つがわかればよい。

ところで、音に限らず、電波や光などの波の伝わり方はこの波長によって決定される。後で述べるように、回折《かいせつ》など波動に特有の現象は、障害物と波長の大小関係によって、現れ方が決まってくる（「物陰の音～音の回り込み（回折）」56ページ参照）。

身近な例で言うと、携帯電話などに使われている1000MHz（1MHzは100万Hz）前後の電波は、音波に比べると非常に周波数が高いが、その波長は30cm程度であり（電波の速度を30万km/秒として先の計算式で計算）、物陰への回り込み方などの波動的な振る舞いは1kHz近辺の音波と似ている。ただし、遠くへ伝わるときの減衰量《げんすいりょう》や壁を通り抜ける性質は電波と音波では大きく異なっている。

周期と波長

周期《しゅうき》　**音が振動《しんどう》を繰り返すのにかかる時間**

1000Hz（1秒間に1000回振動）の周期 $= \dfrac{1}{1000}$ 秒

$= 0.001$ 秒

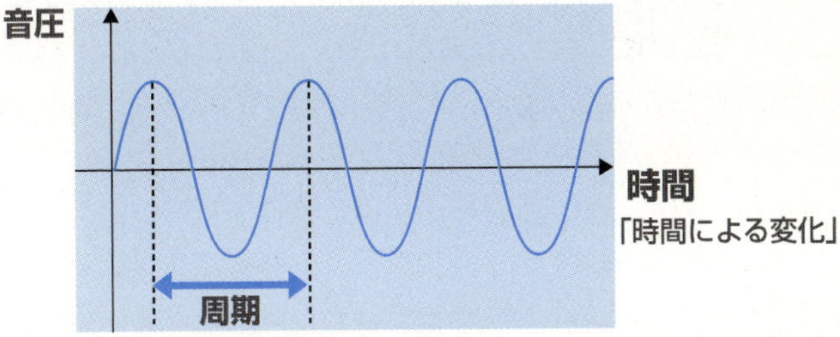

音圧
時間
「時間による変化」
周期

波長《はちょう》　**音圧の最大点から次の最大の点までの距離**
＝1周期の間の伝搬《でんぱん》距離

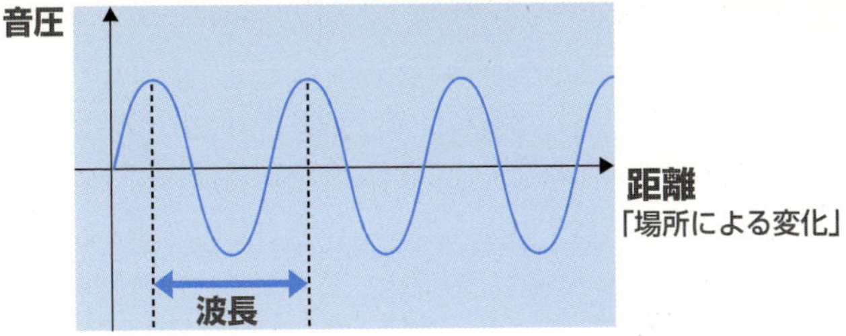

音圧
距離
「場所による変化」
波長

1kHzの波長 ⇒ 340m（音速）÷ 1000Hz ＝ 34cm

超音波の性質

聞こえない音の「超」すごい性質

狭義《きょうぎ》には20kHz（20000Hz）より周波数《しゅうはすう》が高い音を「超音波《ちょうおんぱ》」と言う。「超」の字がつくとなにかとてつもないものを想像しがちだが、普通の音との差は人の耳に聞こえないくらい周波数が高いことだけだ。この20kHzを超えるか超えないかで、音の性質に本質的な変化はない。周波数が高いから波長が短く、例えば空中の20kHzの超音波の波長は約1.7cmである。しかし、周波数が高く、波長が短いことでいろいろな「すごい」特徴がでてくる。

音波は一般に、周波数が高くなると直進性が増したり、一部にエネルギーを集中しやすくなったりする。これは波長が短いために、後で述べる回折《かいせつ》の効果が小さいからだ。また、普通の音に比べて極めて強力な音圧を発生する音源を作ることが容易になる。これは、波長が短いために小型の音源でも共振《きょうしん》を利用して大きく振動させることができるからだ。共振は、物体がその寸法で決まるある特定の周波数でよく振動する現象であって、寸法が小さくなると共振する周波数は高くなる（「共振」74ページ）。

このような超音波の性質を利用して、普通の音波では不可能な技術的な応用がいろいろと可能になる。魚群探知《ぎょぐんたんち》や医用診断、機械の傷の検査、接近センサーのような計測から携帯電話のフィルター素子などに、実際に利用されている。また、強力な超音波には洗浄や化学反応促進などおもしろい効果があって、工場などで幅広く活躍しているのだ。（第6章参照）。

一方、これまでは「超音波＝聞こえない」というイメージがあったが、「感じることはできる」という説もある。SACDなどの次世代オーディオでは100kHz程度まで再生できるようになっている。

超音波とは

超《ちょう》音《おん》波《ぱ》の特徴

人間に聞こえる音の範囲は？

20Hz〜20kHz

超音波は… 人間には聞こえない20kHz以上の周波数の音。

人間に聞こえる音と比べると……

●直進性が強い

●小さい音源でも大きな音圧が得られる

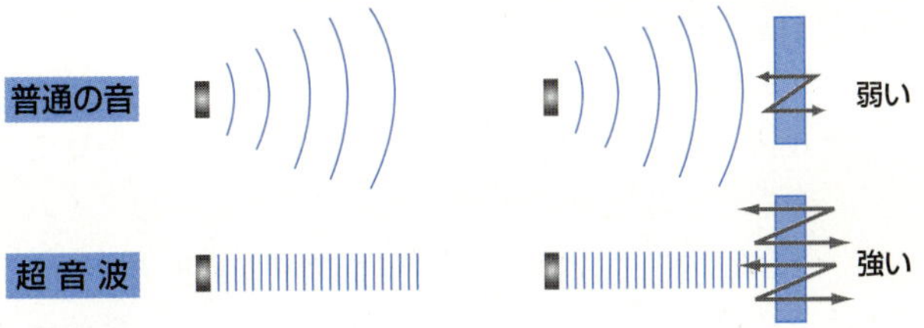
普通の音
弱い
超 音 波
強い

超音波の利用

●計測に利用

直進性が強いため、超音波を反射させ距離や方向を測定できる。

●超音波加工

超音波振動で物に穴をあけたり、切ったりすることができる。

「波動」の話

音も光も電波も、「波動」の仲間

音は空気の振動《しんどう》が、波動《はどう》となって伝わるものだ。音以外にも、波動現象はたくさんある。前に例に出したが、池に石を投げ入れたとき水面に立つ波も波動現象だ。また、テレビや携帯電話で使っている電波も、電気の波動である。目に入ってくる光も波動である。

このように、身の回りにはさまざまな波動現象が存在している。それらの現れ方が空気や水の動きであったり、電気であったりと異なっているわけだ。しかし、そうした現象には共通した性質があるので、どれも「波動」という仲間に入っている。

例えば、音は壁で反射するが、光も物で反射する。また、水面の波は狭い入り江の奥まで入り込んでくるが、音や電波も路地の奥まで伝わってくる、などが共通点の例としてあげられる。後でくわしく述べるように、反射、屈折《くっせつ》、回折《かいせつ》、干渉《かんしょう》などが波動特有の現象だ。

一方、日ごろの経験から相違点にも気づくだろう。例えば、壁の陰でも人の声は回り込んでくるのに、光はやってこない。これは何が違うのだろう。答は「音の周期と波長の関係」（38ページ）で述べた「波長《はちょう》」である。

光の波長は千分の1mm以下とたいへん短いが、音の波長は数十cmと長い。この波長の差が回り込むか回り込まないかを決めているのであって、音か光かによって決まるのではない。実際、波長の短い超音波では光のように直進性が強くなって、壁の陰には回り込みにくい。また、光の場合もよく観察してみると、陰のほうにわずかに回り込んでいることがわかる。回り込む量を波長で割り算すれば、音も光もだいたい同じであることがわかるだろう。

波長は波動の性質を最もよく表すものなのだ。

波動現象とは

いろいろな波《は》動《どう》現象《げんしょう》

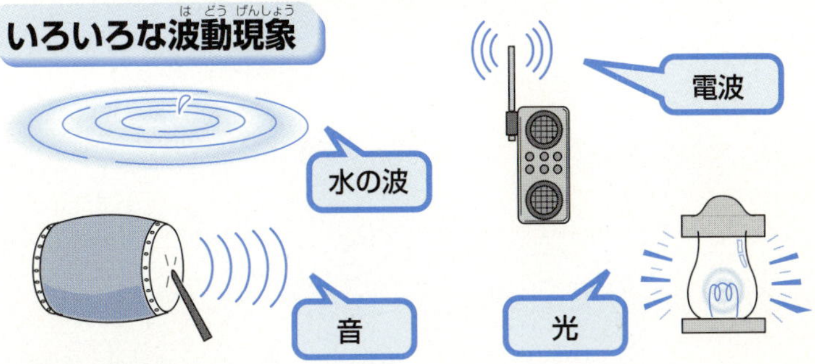

水の波
電波
音
光

波動《はどう》の特徴《とくちょう》

波動の仲間は、現れ方に違いはあるが、どれも共通の性質を持っている。

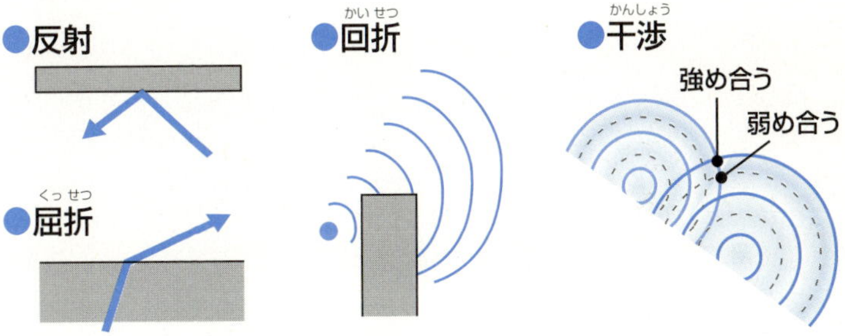

●反射
●屈折《くっせつ》
●回折《かいせつ》
●干渉《かんしょう》
強め合う
弱め合う

波動現象でも波長によって性質に違いが現れる。

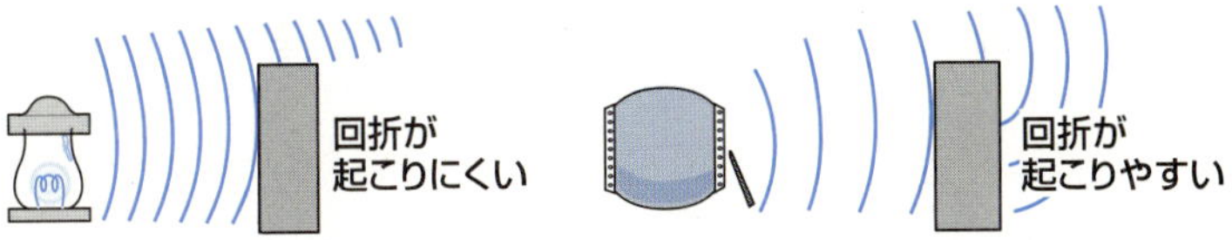

回折が
起こりにくい
回折が
起こりやすい

光 … 波長が短い
= 直進性が強い

音 … 波長が長い
= 直進性が弱い

▶コウモリと虫の空中戦

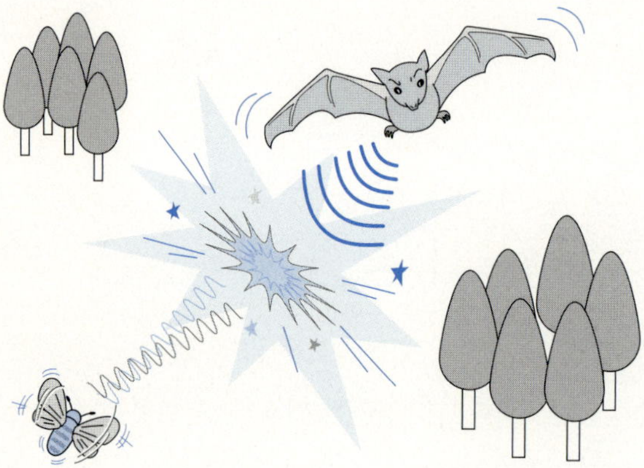

コウモリは空中に超音波を発射して、その反射波を聞いて障害物の存在を知ったり、餌である虫を追いかけたりする。これは電波を使ったレーダーと同じだ。さらに、反射してくる超音波のドップラー効果による周波数変化から虫の羽根の動きや逃げる方向、速度も検知しているようだ。また、コウモリの種類によっては、送波する超音波の周波数を時間的に変化させるものもいて、高度な情報処理をして複雑な情報を得ているといわれている。これは、人間が開発したレーダーでも使われている技術であるが、コウモリは太古からそんなハイテクを自在に使ってきたわけである。

一方、追いかけられるほうも黙ってただ餌食になるわけではない。コウモリの出す超音波を察知してさっさと逃げるものもあれば、コウモリの超音波を妨害する超音波を発射するものもあるという。戦闘機がジャミング電波を出して、敵のレーダーを妨害するのと同じ戦術だ。コウモリと虫はまさに音の戦いを繰り広げているわけだ。

第2章

音の不思議

音の発生

空気が振動すれば音が出る

この本のはじめに登場した太鼓のように、物が振動《しんどう》すると音が出る。太鼓のほかにも、ピアノや木琴《もっきん》のように、弦や棒をたたいて音を出す楽器がたくさんある。楽器というほど立派ではないが、引っ張った輪ゴムをはじいても、振動してビーンという音がする。

物が振動して音を出す原因は、いろいろある。物をこすったり、引っかいたりしても、摩擦の力が振動を起こして音が出ることは日ごろ経験している。また、テレビやラジオで音を出しているスピーカーも、電磁石《でんじしゃく》が振動板を振動させて音を出している。もっと身近なところでは、自分の喉に触ってみると、吐き出す空気が喉を振動させて声を出していることがわかる。つまり、物を振動させて音を出すにも、いろいろな振動のさせ方があるのだ。物を振動させれば、その振動が空気という媒質《ばいしつ》を伝わって音となって聞こえる。

しかし、固体が振動しなければ音が出ないというわけでもない。空気中の音の正体は媒質《ばいしつ》である空気の振動なので、結果として空気が振動すればよいのだ。

例えば、かんしゃく玉のパーンという音や、拍手、雷の音、静電気のパチパチいう音、あるいは竹刀やバットの素振りの音、スプレー缶のシューッという音、水たまりに落ちる雨垂れの音、小川のせせらぎなど、例をあげればきりがない。これらの音は、固体が振動しているわけではないが、空気が急激に膨張《ぼうちょう》したり、勢いよく吹き出したり、引きちぎられたりということが原因となって、空気の振動が起きているのだ。いったん、空気の振動になってしまえば、その原因は何であれ音として伝わってゆくのだが、発生のメカニズムによって、それぞれ音色《ねいろ》に特徴があることは言うまでもない。

音を発生させる3つの原因

音が発生するしくみは、以下の3種類に大別される。

物体の振動《しんどう》による音

太鼓・木琴《もっきん》・弦楽器《げんがっき》など

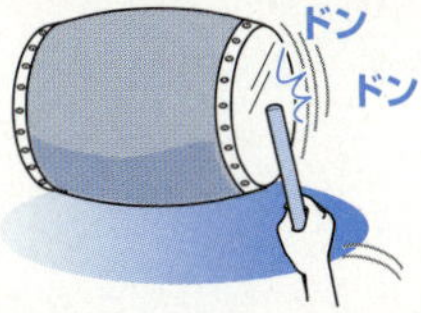
ドン
ドン

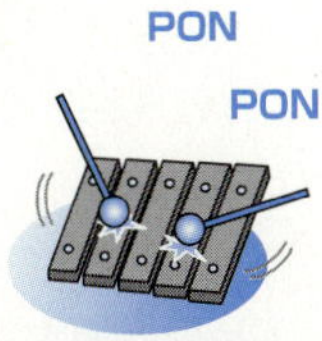
PON
PON

PORON

空気の流れや物体の急速移動による音

雨だれ・スプレーの音・竹刀の素振りの音など

POTA
POTA

シュー

ヒュン
ヒュン

空気（媒質《ばいしつ》）の膨張《ぼうちょう》・収縮《しゅうしゅく》による音

雷の音・爆竹の音・拍手など

GORO
GORO
GORO

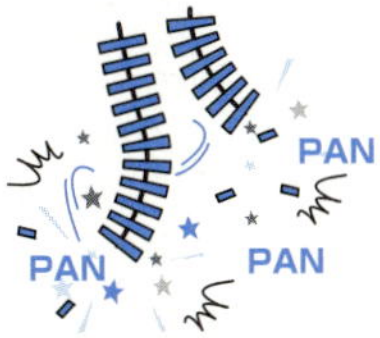
PAN
PAN
PAN

パチ
パチ

爆発の音

空気の膨張、収縮による音

かんしゃく玉や爆竹はいわば豆ダイナマイトで、少量の火薬が一瞬のうちに燃え尽きるためにパーンという爆発音を出す。

火薬の燃焼《ねんしょう》によって、火薬の周囲の空気は温度が急上昇し、一気に膨張《ぼうちょう》する。そして次の瞬間には、膨張した空気が冷却され、収縮《しゅうしゅく》してもとに戻る。このような一瞬の空気の膨張・収縮が圧力変動となって、四方八方に広がってゆくのが爆発の音だ。このような音の場合、空気の振動《しんどう》といっても、その振動回数は1回かたかだか数回である。こうした一山だけの音をインパルス音という。

雷は雲と地面などの間で瞬間的に電流が流れる現象だが、その流れ道の周囲では急速に温度上昇が起きて、火薬の爆発と同じように音が出る。電流が流れて温度が上がるのは電熱線と同様だが、雷の場合、その温度変化があまりに急激なのだ。静電気のパチパチも原理は同じで、雷のミニチュア版と考えてよい。冬の乾燥した日などに暗い部屋でセーターを脱ぐと、小さな稲妻も見える。

かんしゃく玉や雷のように急激な温度変化による場合以外にも、空気の急速な膨張による音を出すことができる。簡単なのは、風船に針を刺して割ることだ。これもパーンという音が出るだろう。

もっと簡単なのは手をたたくことだ。手のひらに適当なくぼみをつくって勢いよくたたくと、パンという音がする。2つの手のひらが高速で近づくので、その間にあった空気が逃げ遅れて圧縮される。それが一気に周囲に逃げ出すときにインパルス音が出るのだ。本を閉じるときのパタンという音も同じだ。水中から浮き上がってきた泡が水面ではじけるプクプクいう音も、空気が一気に逃げる点では、同様と言っていいだろう。

インパルス音とは

発生のしくみ

急激な空気の膨張《ぼうちょう》・収縮《しゅうしゅく》によって生じる単発の音を、インパルス音と呼ぶ。

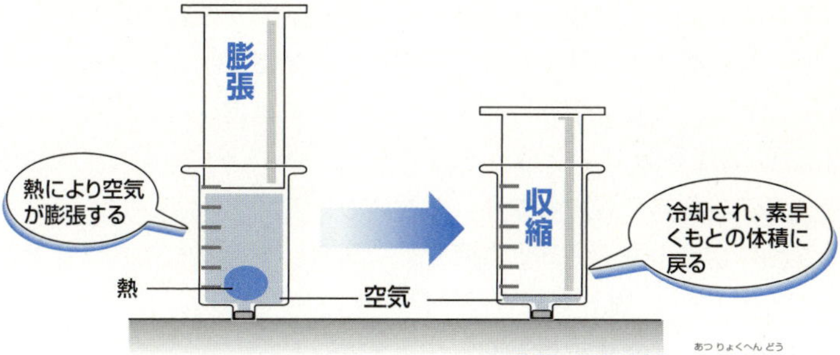

膨張
熱により空気が膨張する
熱
空気
収縮
冷却され、素早くもとの体積に戻る

この膨張・収縮が空気の圧力変動《あつりょくへんどう》として広がっていくのが、インパルス音

いろいろなインパルス音

インパルス音には、熱によって空気の温度が急速に上昇し、急激に膨張して音が出るものと、熱によらない音がある。

熱によるインパルス音

バチバチ
バチバチ

- かんしゃく玉
- 爆竹
- 雷
- 静電気のパチパチ音

など

熱によらないインパルス音

パン!

- 風船を割る音
- 拍手
- 本を閉じる音
- 泡が水面で弾ける音

など

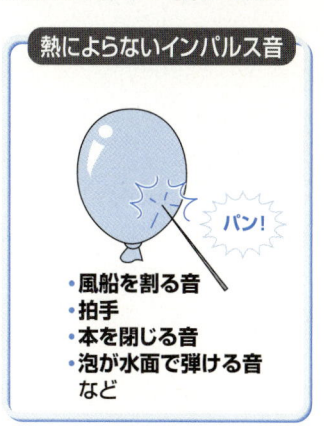

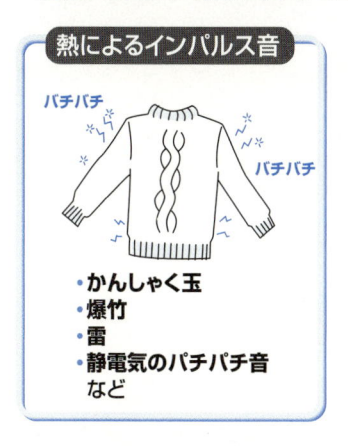

球面波と平面波

音源からの距離とエネルギー

かんしゃく玉のような小さな物が出す音は、四方八方へ均等に広がっていく。実際には地面があるので上半分にしか伝わりようがないのだが、花火のように地面から充分離れた位置で空中爆発する場合を考えてみればわかりやすい。このように、四方八方に均等に伝わる波を球面《きゅうめん》波《は》と言い、このとき、音圧が最大の点あるいは最小の点など、同じ音波の状態の場所をつないだものを「波面《はめん》」と言う。

波面は音波の進む方向と垂直だ。つまり、波が進むときに肩を並べている面であり、隊列を組んで行進するときの横の列と考えればよい。波動を絵にしたときの横方向の位置を「位相《いそう》」と言うので、等位相面《とういそうめん》と呼ぶこともある。位相は1波長あるいは1周期を360等分したもので、360度で0に戻る。

さて、球面波の波面はボールの皮のような球形になっている。球面波の場合、音源から遠ざかるほど波面の面積は広がっている。距離が2倍になれば面積は4倍、3倍になれば9倍だ。音源から出た音波の総エネルギーが途中で増えることはないので、距離が遠ざかって面積が広がったぶんだけ、一定面積当たりのエネルギーは小さくなってしまうことになる。つまり、音の強さ（エネルギー）は距離の2乗に反比例して弱くなっているのだ。音の強さは音圧の2乗に比例しているので、音源からの距離に反比例して音圧が低下することになる。

一方、波面が平面状の場合を平面波と言う。平面波は一方向に進む波で、面積の大きな音源でないと発生できない。この場合は、空気による減衰《げんすい》がなければ、距離にかかわらず音の強さは一定だ。現実には真の平面波は実現しにくいが、球面波でも音源から充分遠ざかったところでは、波面はほとんど平面的で、平面波と考えることができる。

波はどう伝わるか？

球面《きゅうめん》波《は》 ＝ 四方八方に広がる波

球面波とエネルギー

音源からの距離が**2倍**になると…

↓

波面の面積は**4倍**になる

↓

単位面積あたりのエネルギーは$\frac{1}{4}$になる

音源から離れると、エネルギーは弱まる。

平面波＝一方向だけに進む波

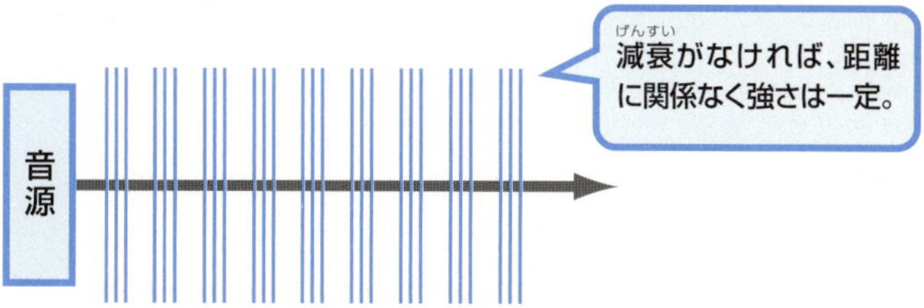

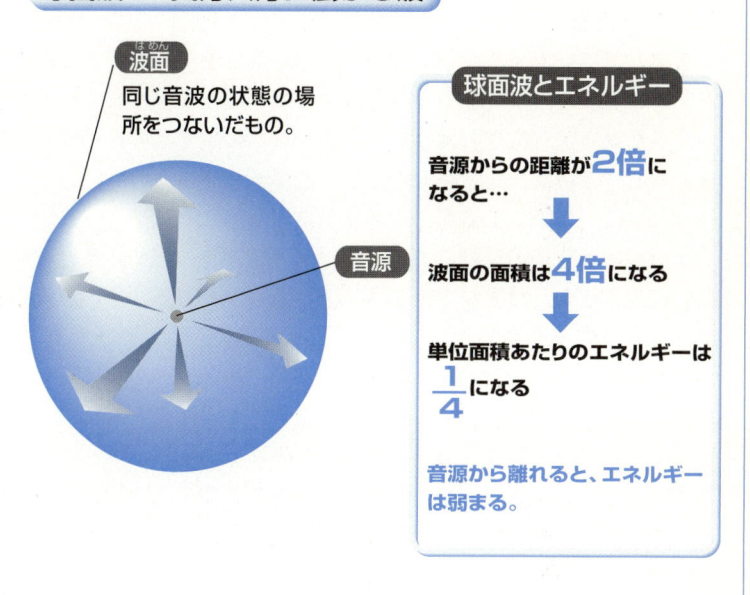

風で出る音 ～カルマン渦

風で音が出るしくみ

嵐などで強い風が吹くと、電線やベランダの手すりがピューと鳴ることがある。うっかりすると、電線や棒が振動《しんどう》して音が出ていると思いがちだが、実はそうではない。たしかに、結果として振動はしているかもしれないが、大きな音圧を生む音源にはなっていない。

それでは、どうして音が出ているのだろう？

その秘密は空気の運動にある。強い風が障害物にぶつかると空気が二股にちぎられ、障害物の後ろで気流に乱れが生じる。この気流の乱れは、空気の渦が生まれたり消滅したりの繰り返しという形をとる。この渦の生成消滅が音となって聞こえるのである。つまり、空気の渦の生成と消滅の繰り返しによる圧力《あつりょく》変動《へんどう》が音源となっているのだ。このような空気の渦を「カルマン渦《うず》」と呼んでいる。

木枯らしのときなど、空が鳴るように聞こえるのも、速い空気の流れと遅い空気の流れの境目で同じような空気の乱れが生じ、渦ができるためだ。

この生成消滅の数は、風の速度に比例する性質がある。だから、そのとき出てくる音の周波数は流れの速さに比例する。つまり、強い風ほど高い音が生まれることになる。ドアや窓の細い隙間から強い勢いで風が吹き込むとき、吹き込む風の強さで音の高低が変化する様子を思い出してみればわかるだろう。音の大きさも、ぶつかる風の速さが速くなると急激に大きくなる。

この現象は、細い物体が速く空気中を動くときにも起こる。身近な例で言えば、縄跳びのときに縄が速く回転すると、ビュー、ビューと空気を引き裂く音がするが、これも、速く動く縄の背後で、空気の渦が生成消滅を繰り返しているからだ。

風の音の正体

カルマン渦《うず》による音

強い風が電線や細長い棒状のものにぶつかり、空気が二股にちぎられて気流に乱れが生じ、小さな気流の渦（カルマン渦）が生成消滅を繰り返し、ピューという音を出す。

●カルマン渦の生成

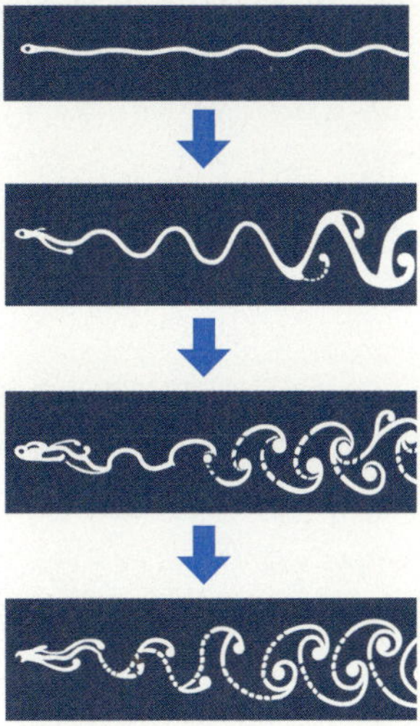

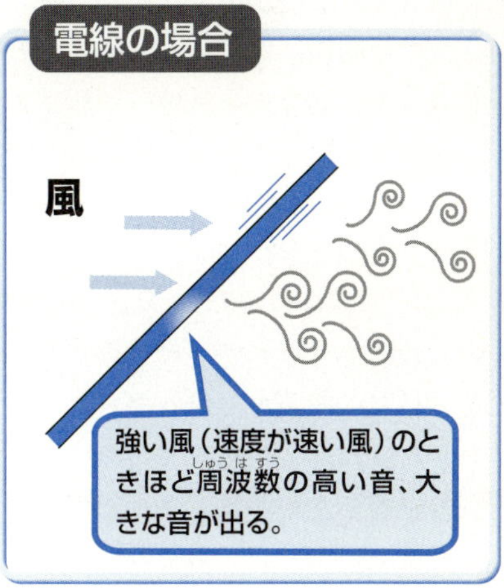
電線の場合
風
強い風（速度が速い風）のときほど周波数《しゅうはすう》の高い音、大きな音が出る。

空気の流れで出る音

- 口笛
- 木枯らし
- 電線の音
- ビル風
- 松風
- 縄跳びの音

など

音源の大きさと音の関係

音の強さを決める「体積速度」

振動《しんどう》して音を出すものをみてみると、どれもある程度の大きさを持っている。太鼓も大きなものは大きな音がするし、弦楽器では、弦そのものは細くても、弦の振動を胴に伝えて胴が鳴ることで大きな音を出している。練習用のバイオリンで、胴のない弦だけのものがあるが、これは大きな音を出さないためだ。

大きな面積が振動すると動かされる空気の量が多くなるので、それだけ大きな音のエネルギーが放出されるのだ。

振動する速度と振動する面積を掛け算したものを「体積速度」と言うが、これが大きいほど音源の強さも大きい。同じ振動速度であれば、面積が広いほうが強い音源というわけだ。

また、同じ振れ幅であれば、周波数が高いほど振動速度が速いので、同じ面積でもそれだけ有効な音源となる。大きなうちわではゆったりあおいでも充分な風量が得られるが、小さなうちわではせわしなくあおがなければ風が起きないのに似ている。振動速度が小さいと動く空気の量が小さくなるのは、面積の小さな面をゆっくり動かしても、空気が前に進まないで脇に回り込むほうが速く、正面に充分空気を押し出せないからだ。小さなものでは、空気の回り込みよりも速く振動させなければならないというわけだ。

また、太鼓の皮のように平面ではなく、ボールのような球が大きくなったり小さくなったりする振動を「呼吸振動《こきゅうしんどう》」と言うが、こんなものがあったとすれば、これも音源になって球面《きゅうめん》波《は》（50ページ参照）を作り出す。このボールをどんどん小さくしたものを仮想的に考えることがあって、それを「点音源《てんおんげん》」と言う。音の問題を考えるときによく出てくるので覚えておこう。

音の強さはどのように決まるか

体積速度 ＝ 振動《しんどう》する面積 × 振動する速度

体積速度が大きいほど、
音も強い

振動する面積

大きい楽器（＝振動する面積が大きい）のほうが、小さい楽器より大きな音がする。

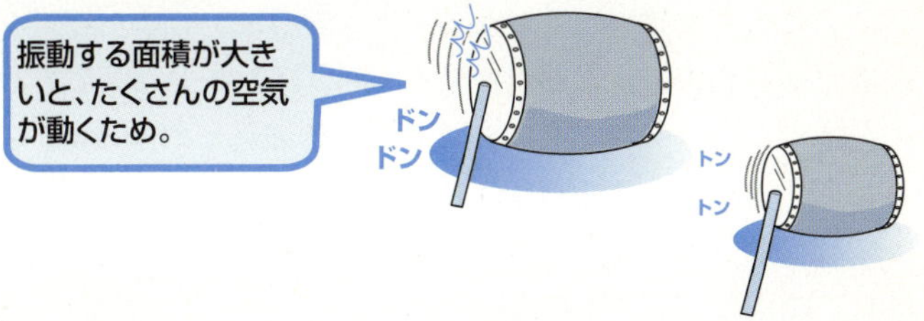
振動する面積が大きいと、たくさんの空気が動くため。
ドン
ドン
トン
トン

振動する速度

同じ振れ幅の場合、周波数《しゅうはすう》が高い（＝振動する速度が速い）ほど強い音が出る。

●周波数が低い

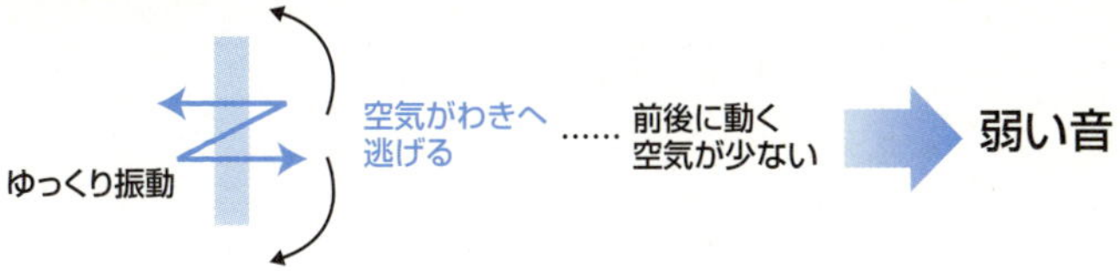
ゆっくり振動
空気がわきへ逃げる
……前後に動く空気が少ない
弱い音

●周波数が高い

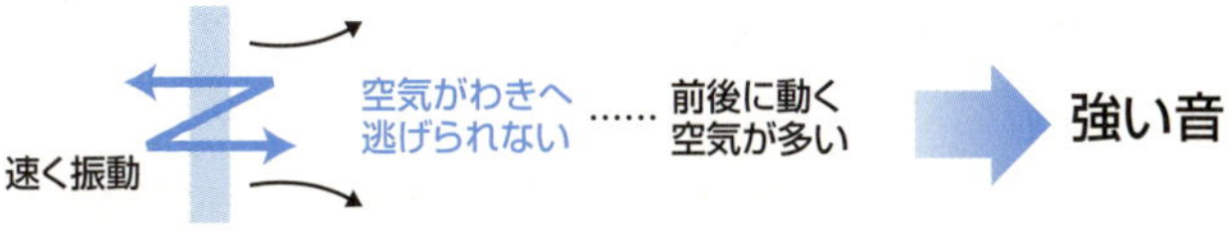
速く振動
空気がわきへ逃げられない
……前後に動く空気が多い
強い音

物陰の音 〜音の回り込み（回折）

物陰に回り込む音

曲がり角などの障害物の裏に隠れた相手の話し声が聞こえるということはよく経験するだろう。これが音の「回折《かいせつ》」現象だ。音が角を曲がって回り込むのだ。

回折は音でよく経験するが、音に固有の現象ではなく、光や電波などの波動現象に共通の現象だ。ただ、この現象は波長の違いによって現れ方に大きな違いが生まれる。光の波長は$\frac{1}{1000}$mm以下という短かさであるために、直進性が高く、回り込みが少ないのでくっきりした陰をつくる。一方、耳に聞こえる音の波長は数十cmくらいと長いために、物陰にもよく回り込むのである。

では、どうして波長が長いと回折するのだろうか？

ここで前に述べた「点音源《てんおんげん》」を思い出していただきたい。点音源は、波長に比べて充分小さいゴムボールのような球形の殻が均等に広がったり縮んだりして球面《きゅうめん》波《は》を放射する。点音源は仮想的なものだが、音源の最小単位であって、これをたくさん使っていろいろな音源を表現できる。

図の太鼓のように面積の広い音源は、多数の点音源をしきつめて表せる。波長が短いほどたくさんの点音源が必要だ。この場合、多数の点音源の作用が重なり合って一方向に強い音波が放射されると考えることができる。しかし、音源の端をみると、片方の隣には音源がないので、点音源の性質が現れて音が広がってゆく。これが回折である。音波の通り道が壁でさえぎられた場合も、残された通り道を音源と考えて、そこに点音源を並べれば、壁の縁で回折することがわかる。波長が短く、敷きつめられた点音源の数が多ければ、端部の1つの音源の効果は小さく、直進成分が多くなると考えれば理解しやすいだろう。

回折と点音源

回折《かいせつ》

「回折」は音などの波動が、障害物を回り込んで伝わる現象。

波長が短い波動（光、超音波など）は回折が少ないので、直進性が強い。

ウー
ワン!
ワン!
声はすれども
姿は見えず…。
こわいよ〜

回折が起こるしくみ

点音源《てんおんげん》

音源の最小単位。音源は点音源の集合体。

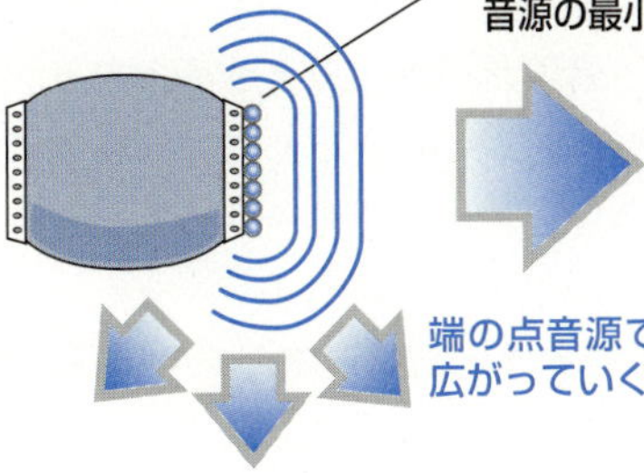

点音源どうしの作用が重なって、強い音波が一方向に発生する。

端の点音源では、音波は広がっていく。

●音の通り道が穴のあいた壁でさえぎられた場合

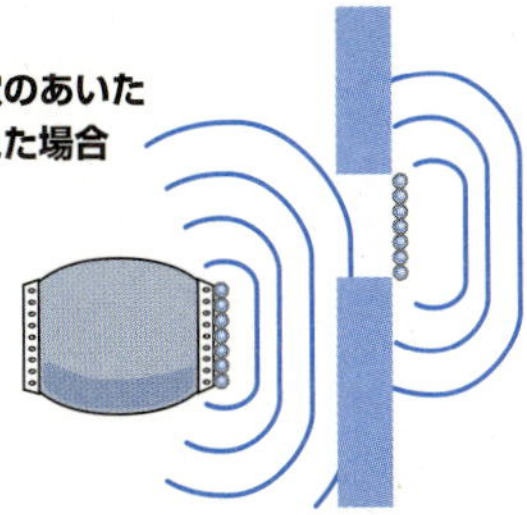

壁の穴に点音源をしきつめて考えればよい。このときも回折が生じる。

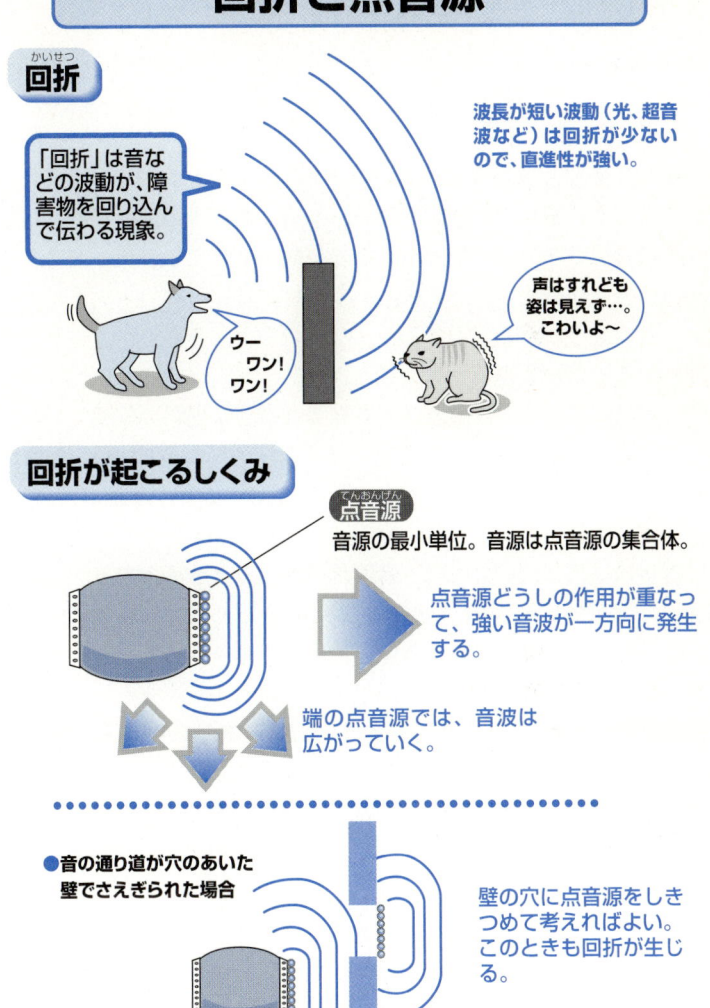

音の屈折①

音速の差が屈折を起こす

夜になると、遠くの音がやけによく聞こえるという経験はだれでもあるだろう。日中では聞こえなかった遠くの電車の通過音や踏切の音が闇の彼方から聞こえてくるような経験である。これは、夜になって周囲の物音が静まったから、というだけではない。

これはどういうことだろうか？　その答えをみる前に、まず「音が屈折《くっせつ》する」という現象を考えてみよう。

光が水に入るときに進む道筋を変えることは理科の実験でおなじみだが、実は音も同じなのだ。音の伝搬速度《でんぱんそくど》が異なる2種類の媒質《ばいしつ》が接している面に斜めに音が入射するとき、音波の進行する道筋が曲がる。これが「屈折」という現象である。

屈折の原理は図のように、音速差を考えると理解できる。何列かに並んで行進する隊列が、舗装道路からぬかるんだ道に斜めに出る場合を想像してみよう。ぬかるみ道では歩く速度が落ちるため、隊列はそこで曲がって進むことになる。

簡単な幾何学で入射角《にゅうしゃかく》に対する屈折角を知ることができる。これを「スネルの法則」と言う。図aが、媒質2のほうが媒質1よりも音速が速い場合、図bが逆に、媒質1のほうが媒質2よりも音速が速い場合を示している。

これを見ると、媒質1のほうが音速が速い場合には、音は境界面と垂直方向に屈折し、媒質2のほうが音速が速い場合には、音は水平方向に屈折する、ということがわかるだろう。

ところで、水中では空気中よりも音速が速いが、光の速度は遅くなるので、空気と水の境目での屈折方向は音と光で反対になる。これは、音と光の性質の違いによるものではなく、速度の差によるものだ。

屈折のしくみ

屈折《くっせつ》の原理

隊列を組んで行進
：
横一列に並んでいる
途中で止まらない

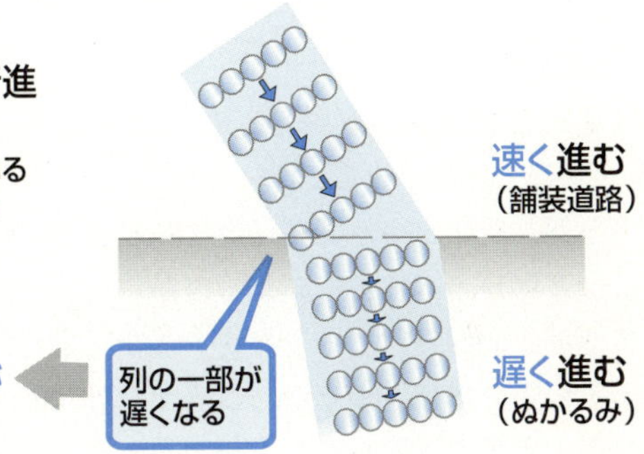
速く進む
（舗装道路）
列の一部が
遅くなる
遅く進む
（ぬかるみ）

行進する方向が
曲がる

屈折のしかた

音は性質の異なる媒質《ばいしつ》の接する面で進路が曲がる。実際の屈折のようすは下図のようになる。

●図a - 遅い媒質から速い媒質へ

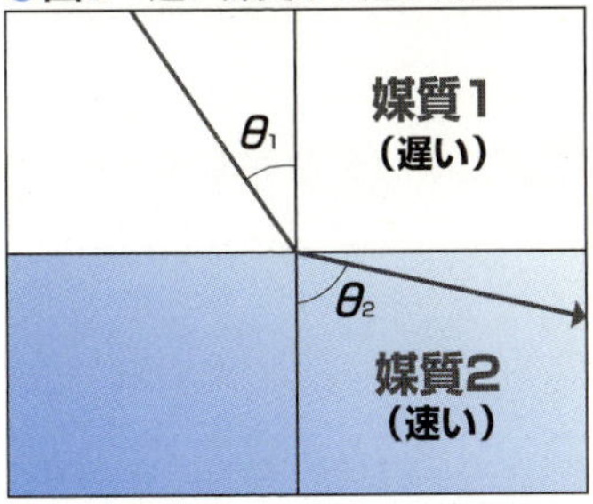
θ_1
媒質1
（遅い）
θ_2
媒質2
（速い）

2のほうが1より音の伝達速度が速い場合は、水平方向に屈折する。

●図b - 速い媒質から遅い媒質へ

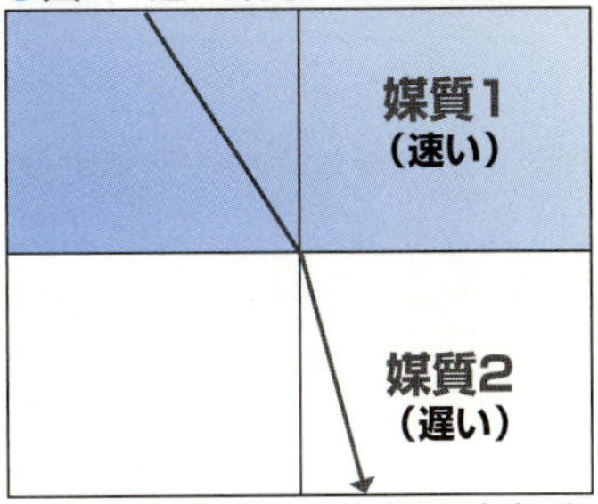
媒質1
（速い）
媒質2
（遅い）

1のほうが2より音の伝達速度が速い場合は、垂直方向に屈折する。

●スネルの法則

$$\frac{\sin\theta_2}{\sin\theta_1} = \frac{\text{媒質2の音速}}{\text{媒質1の音速}}$$

音の屈折②

媒質の温度差による屈折

音が音の伝搬速度《でんぱんそくど》の異なった2つの媒質《ばいしつ》の境目を通過するときに「屈折《くっせつ》」という現象が生じる。

すると同じ空気という媒質の中を進む音が、どうして日中と日没後とでは進み方が違ってくるのだろうか。ヒントは「音は媒質の温度によって速度が変わる」という性質である（第1章28ページ参照)。

大気と地表とでは暖まりかたに差があるために、日中と夜間とでは地表付近の大気の温度分布が逆転するという現象を聞いたことがないだろうか。つまり、大気のほうが地表よりも暖まりにくく冷めにくいために、日中は地表付近のほうが上空よりも気温が高くなり、逆に夜間は地表付近のほうが早く冷えるため、上空のほうが気温が高くなるのだ。したがって、日中は上空に行くにつれて気温が下がり、夜間は上空に行くにつれて気温が高くなる（もちろん、ここで上空といっても、ある程度までの高さまでの話だ)。

つまり、音の媒質である空気に、場所による温度の変化が生じたことになる。媒質である空気の温度が高くなれば音速も速くなり、低くなれば遅くなるから、地上からの高度によって音速が変化していることになる。この場合には、音波が進むにしたがって、少しずつ屈折して、音波の経路はゆるやかなカーブを描く。

したがって、上空のほうが気温が低い日中では、音速は上空に行くにつれて遅くなるから、音は垂直方向に屈折し、上空のほうが気温が高い夜間では、逆に音は地表方向に屈折するのである。

これが、日没後に音が遠くまで聞こえるようになるしくみである。

再びここで光で考えると、「かげろう」や「蜃気楼」が温度分布による屈折現象だが、ここで述べたことは音の蜃気楼というわけだ。

空気の温度差による屈折

昼と夜の音の聞こえ方の違い

昼間、音は上空に向かって屈折《くっせつ》しながら進む。そのため遠くまで届かない。反対に夜間は地上に向かって屈折しながら進むので、遠くまで音がとどく。

昼　間　音の陰ができる。音が遠くまでとどかない。

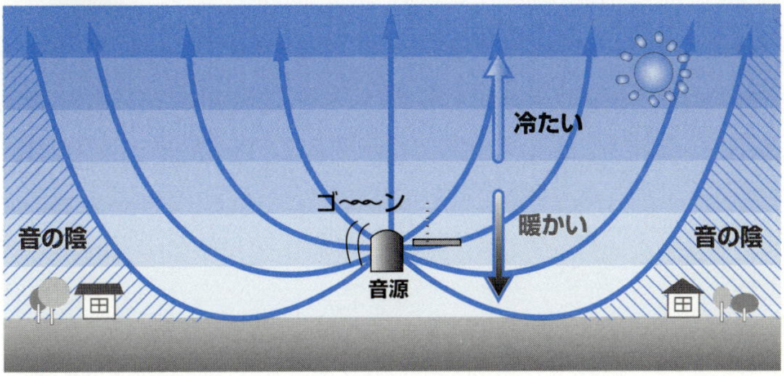

夜　間　音が遠くまでとどく。

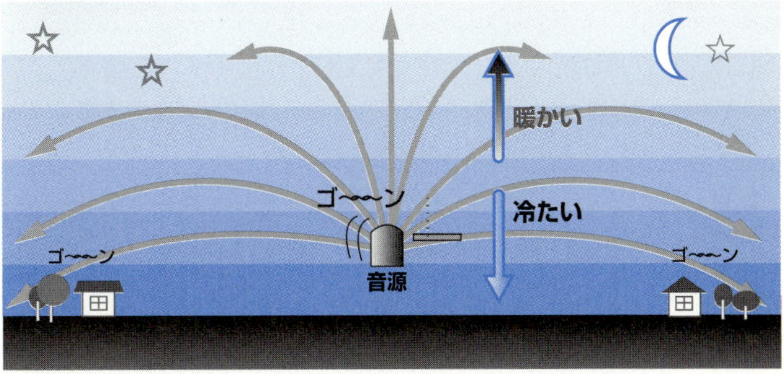

音の弱まり①～減衰

拡散減衰と吸収減衰

音は限りなく遠くまで伝わることはない。遠くに行くほど弱まってゆく。この現象を音波の「減衰《げんすい》」と言い、いくつかの理由がある。

まず第一に、音は四方八方に広がるので、波面が広がり、単位面積あたりの音のエネルギーは遠くに行くほど小さくなってしまう。これを「拡散減衰《かくさんげんすい》」という（「球面波と平面波」50ページ参照）。

一方、トンネルのような構造では、音は決まった方向にしか進まないから、このような減衰は少ない。しかしそれでも、壁面と空気の摩擦によって減衰が生じる。野外であっても、音が伝わってゆく地面の影響をうけることもある。

もうひとつの原因に、媒質《ばいしつ》そのものによって音のエネルギーが吸収される「吸収減衰《きゅうしゅうげんすい》」がある。例えば、ブランコはこがないといつかは止まってしまう。これは、空気抵抗やブランコを釣っている部分の摩擦によってエネルギーが失われるからだが、音の場合でも、媒質が伸びたり縮んだりするときにエネルギーが失われるのだ。媒質が伸び縮みする際、熱が生じエネルギーを消費する。空気などの媒質が音を減衰させるのである。吸収減衰によるエネルギーの損失は一般に周波数が高いほど大きくなって、遠くまで音が伝わりにくくなる。遠くの鼓笛隊の音のうち、大太鼓やチューバといった低い音の楽器のほうがよく聞こえるのもこれが原因のひとつだ。

また、媒質が変わればエネルギーの損失も異なる。100Hzくらいの低い音は、海中では実に何千kmも伝わるが、空気中では雷のゴロゴロという低い音でわかるように、せいぜい10kmくらいしかとどかないだろう。また、真水と海水では海水のほうがずっと減衰が大きいことも知られている。

音が弱くなる理由

拡散減衰《かくさんげんすい》

遠くへ行くほど……

- 球面波の面積

  ➡ 大きくなる

- 単位面積あたりのエネルギー

  ➡ 小さくなる

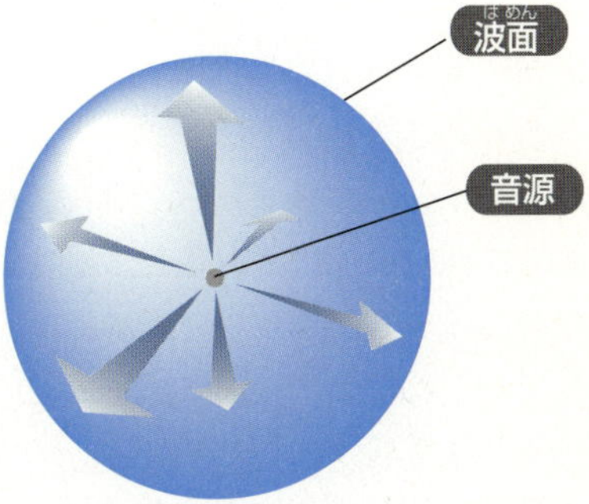

波面《はめん》
音源

吸収減衰《きゅうしゅうげんすい》

空気（図のモデルではばね）が伸び縮みすることにより音が伝わるが…

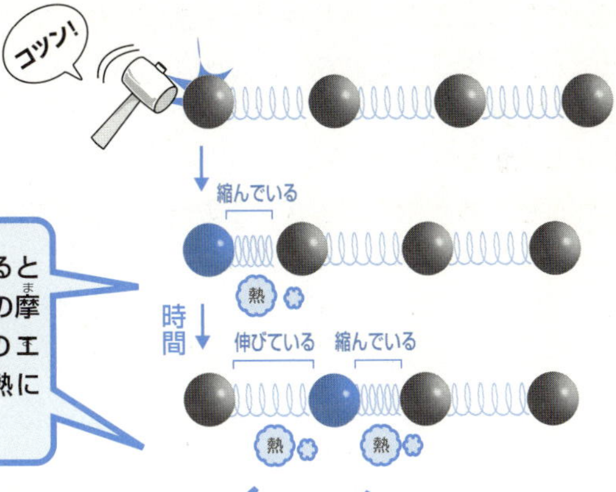

コツン!
縮んでいる
時間
伸びている
縮んでいる
熱

伸び縮みするときに、媒質中《ばいしつちゅう》の摩《ま》擦《さつ》により音のエネルギーが熱に変わる。

周波数《しゅうはすう》の高い音ほど、媒質の振動数《しんどうすう》（モデルではばねの伸び縮み）が多いのでエネルギーの損失が大きい。

音の弱まり②～吸音

吸音と反射

音が四方八方に広がって伝わることによって弱まる「拡散減衰《かくさんげんすい》」、媒質《ばいしつ》によってエネルギーが消費される「吸収減衰《きゅうしゅうげんすい》」について述べたが、これらの他にも、音が弱まる現象がある。

海面のような平らで音をよく「反射」するところを伝わってくる音は減衰しにくいが、樹木が生えていたり建物が建て込んだ地域を伝わってくる音は減衰しやすい。

波長と同程度かそれよりも大きな障害物やでこぼこがある場合には、音波が散乱《さんらん》して弱まる。散乱とは四方八方に散ってしまうという意味だ。一方、波長以下の大きさの障害物やでこぼこの場合には、空気の振動《しんどう》に対してそれが抵抗となることで音を弱めてしまう。つまり、細かいでこぼこの間をすり抜けて空気が振動しようとするときにエネルギーが失われるのだ。冷えた油のような粘性《ねんせい》の高い媒質ほどこういうエネルギー損失は大きい。空気はさらっとしているようだが、小さいながら粘性があるのだ。

また、壁に音が当たるとき、その一部は反射し、残りの音は壁を通り抜けたり、音のエネルギーを壁が吸収して熱として消費してしまう。このように、入射した音のうち、すべては反射しない現象が「吸音《きゅうおん》」だ。このとき、壁に向かう音の入射エネルギーと反射された音の反射エネルギーの比を「反射率」と言い、それを1から引いた値を「吸音率」と言う。空気中の音が入射する物が、繊維や布団のように細かい網目構造で通気性のあるものの場合には空気の粘性による抵抗が、ゴムのような粘り気と弾性のある素材の場合には壁が振動するときの抵抗が、音の損失をつくり出す。しかし、コンクリートの壁のように密度が高く硬い壁は音をよく反射するので、ほとんど音を吸収しない。

吸音のしくみ

身近にある吸音《きゅうおん》の例

●布団による吸音

えーん

布団が沢山入った押し入れでは、大声で泣いても、布団に声が吸収されてしまう。

●樹木による吸音

木の生い茂ったところでは、音は散乱し、木々が吸音する。

カラオケ大会

●壁への吸音

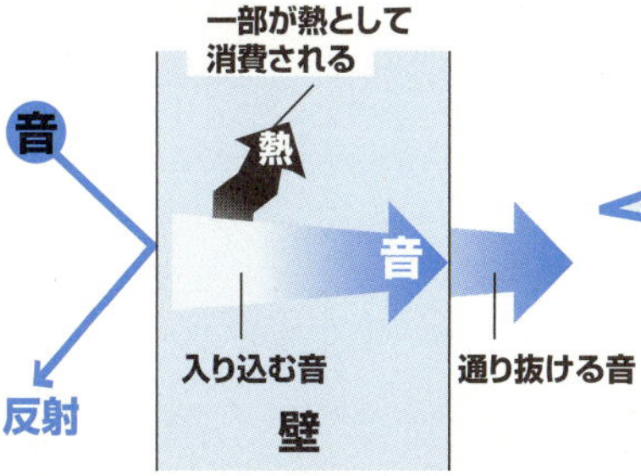
一部が熱として
消費される
音
熱
音
入り込む音
通り抜ける音
反射
壁

壁にぶつかった音は、一部が反射し、残りが吸音される。吸音されたものの一部は、熱エネルギーとして消費される。
コンクリートのような固い壁は、音を反射する割合が高い。

音のはねかえり～反射

音の反射と音響インピーダンス

山びこは、音が山などに反射して戻ってきたものだ。山でなく、金属の板などでも音は反射する。

音の反射が起こるのはぶつかる物が硬いときに限らない。音を伝搬《でんぱん》している媒質《ばいしつ》と「音響的性質《おんきょうてきせいしつ》」が異なった媒質とが接する面では反射が起こる。反射壁に斜めに音がぶつかると、図のように同じ角度で反射する。

では、媒質の「音響的性質」とはどういうことだろう。音は媒質の運動であって、その運動の様子は媒質の弾性《だんせい》や質量《しつりょう》（密度）で定まることは第1章で述べた。そうした音の伝わり方を最も端的に決定しているのが、「音響インピーダンス」という値で、媒質の密度と弾性《だんせい》率《りつ》の積の平方根を計算して求められる。

これは、電気回路で言うところの抵抗値に似ている。抵抗値とは電圧と電流の比であるが、音で言うと、音圧と粒子速度の比が音響インピーダンスということになる。この値は、媒質の密度と音速の積とも等しいから、「密度×音速」で表示されることが多い。

音響インピーダンスの差が大きい物体（媒質）ほど反射率は高くなる。また、反射されない残りの音波エネルギーはその物体に侵入（透過）していく。したがって、より多く透過させるためには、音響インピーダンスをそろえればよいのである。

病院で超音波診断を受けるとき、おなかにべとべとしたクリームがぬられて、そこに装置を当てて診断する。装置とおなかの密着が悪いと、すき間に入る空気が、おなかと装置との音響インピーダンスの差を大きくしてしまい、超音波を阻止する。このクリームはこれを防止して超音波が出入りしやすくするのだ。

音の反射と媒質の関係

音の反射

●媒質《ばいしつ》と反射

媒質と媒質との音響インピーダンスの差が大きい場合には反射率が高くなる。反対に、媒質の音響インピーダンスをそろえれば、音は反射しにくくなる。

音響インピーダンスとは

√ 媒質の密度 × 弾性率《だんせいりつ》

または

媒質の密度 × 音速

●斜めに壁にぶつかった場合

入射角《にゅうしゃかく》と反射角《はんしゃかく》は、同じ角度である。

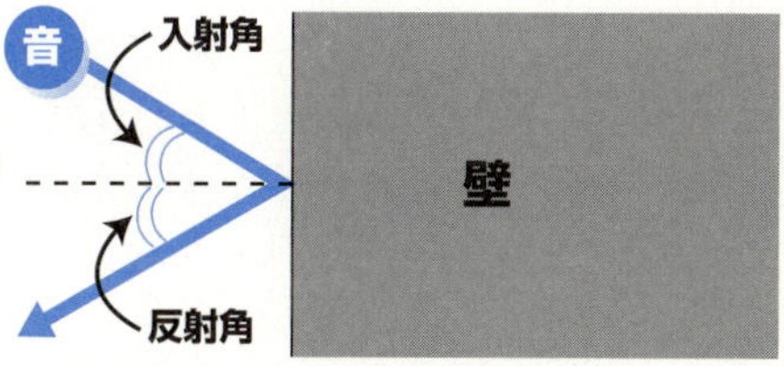

●音響インピーダンスをそろえる

超音波診断 …… 身体を媒質として超音波を伝え、その伝わり方や反射で体内の状態を調べる

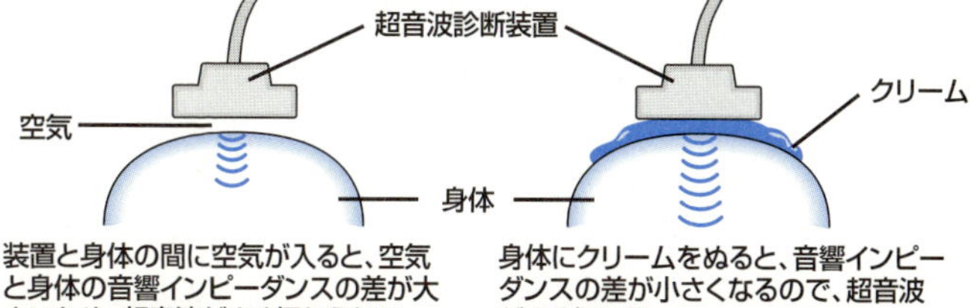

装置と身体の間に空気が入ると、空気と身体の音響インピーダンスの差が大きいため、超音波がよく伝わらない。

身体にクリームをぬると、音響インピーダンスの差が小さくなるので、超音波がよく伝わる。

フラッターエコー

鳴き竜の正体

日常生活においても、実際に音の反射を耳にする場面は多い。身近なところでは、体育館や風呂場など、空気中の音を反射しやすい硬い壁で閉ざされた場所で手をたたけば、「パーン」という音が周囲の壁の間で反射を何度も繰り返す様子を聞くことができる。もっとも、壁と壁が近いので、反射音どうしが重なって、「ビイ〜ン」という空気のビビリのように感じるかもしれない。

このように、音が繰り返し反射してできた音を「フラッターエコー」と呼ぶことがある。フラッターエコーは多数の反射音が時間的にずれて次々に耳にとどくために起こる。反射音どうしが強め合ったり弱め合ったりして、「ビイ〜ン」「ワーン、ワーン」というような「うなり」をともなう(→「音の重なり②うなり」72ページ参照)。むしろ、うなりのほうがめだって聞こえることもある。

日光東照宮にある「鳴き竜」はフラッターエコーの代表的な例だ。竜の絵が描かれた天井の下で「パン」と手をたたくと、「キュイイ〜ン」と尾をひいた音が響いて、天井の竜が鳴いているように聞こえる。

鳴き竜の描かれている部屋の天井と床は堅い木の板でできており、そのままでも音を反射しやすい。そのうえ天井の中央が少し吊りあがっていて、凹面になっている。これは、天井が平らであると、視覚上、真ん中が垂れ下がっているように見えてしまうことを考慮した建築上の技法である。ところが、天上が凹面になっているために、反射音が拡散しにくく、部屋の中を往復する回数が増えて、フラッターエコーがよく起こるのだ。

これは西欧のドーム天井の寺院などでも起こる現象だが、音楽ホールで起きたら、そこは使いものにならないだろう。

フラッターエコーとは

フラッターエコーの原理

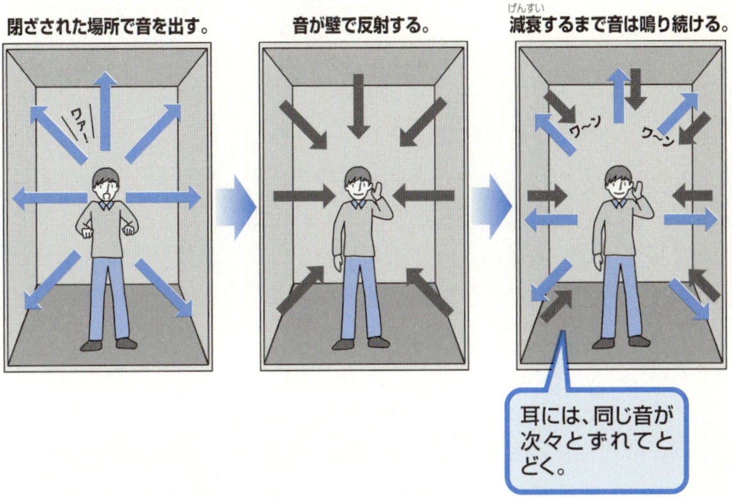
閉ざされた場所で音を出す。
ワァ！
音が壁で反射する。
減衰《げんすい》するまで音は鳴り続ける。
ワ〜ン
ワ〜ン
耳には、同じ音が次々とずれてとどく。

鳴き竜の鳴き声の正体

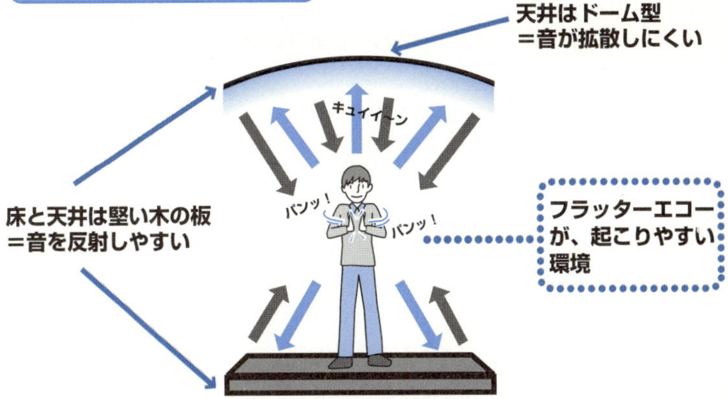
天井はドーム型
＝音が拡散しにくい
キュイイ〜ン
床と天井は堅い木の板
＝音を反射しやすい
パンッ！
パンッ！
フラッターエコーが、起こりやすい環境

音の重なり①～干渉

音の強め合い、弱め合い

2つの音が同時に同じ地点にとどくと何が起こるだろうか。このとき生じるのが「干渉《かんしょう》」だ。干渉とは、2つの音の音圧の重ね合わせが起こることから生じる現象である。

音は縦波で、圧力変化を正負交互にすばやく繰り返しているわけである。音圧は大気圧からの気圧変化分のことで、大気圧より大きくなる瞬間が「正」の音圧、大気圧より小さくなる瞬間が「負」の音圧である。2つの音が重なるとき、両方とも正の音圧であれば強め合ってさらに大きな正の音圧が発生する。両方とも負であれば、負の方向に強め合って、大きな負の音圧となる。また、片方が正、もう一方が負であれば、打ち消し合って、音圧がなくなる。つまり、2つの音の位《い》相《そう》が合ったときに強め合い、180度ずれたときに弱め合う。

2つの同じ音源があって音が広がるときは、2つの音源からの距離の差によって、強め合う場合と弱め合う場合があるので、干渉じまが生じる。正と負の音圧が等しい部分では、音源からそれほど離れていないのに無音の場所ができる。水たまりに2つの石を同時に投げ込んでみよう。2つの波紋が広がって、この図とそっくりな模様が観察できる。

人の声や車の音などでは、周波数や音源の位置が激しく変化するので、干渉は起きているのだが、その様子も瞬間的にうつりかわってゆくので意識しにくい。逆にいうと、身のまわりで音の干渉はしじゅう起きているのだ。実感できるものは安定な干渉で、前に述べた「鳴き竜」や次に述べる「うなり」のように、限られた条件で起こる。

いずれにせよ干渉は波動特有の現象である。波動ではない熱が伝わるときには、熱が打ち消し合うことはない。

2つの音が同時にとどくと

干渉《かんしょう》の原理

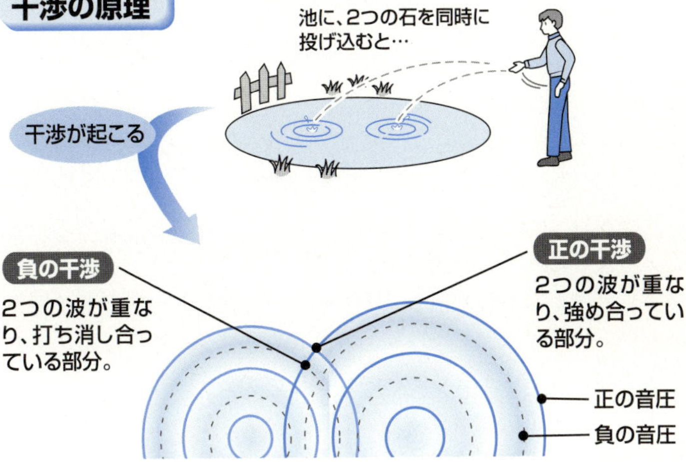

池に、2つの石を同時に
投げ込むと…
干渉が起こる
負の干渉
2つの波が重なり、打ち消し合っている部分。
正の干渉
2つの波が重なり、強め合っている部分。
正の音圧
負の音圧

干渉を波で表すと

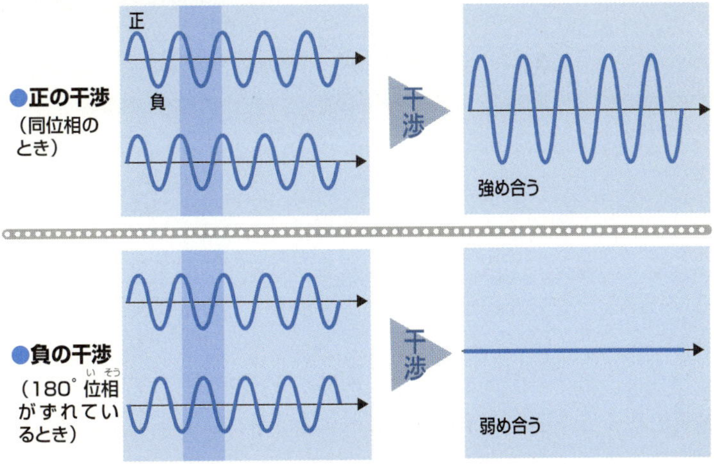

正
負
●正の干渉
（同位相のとき）
干渉
強め合う
●負の干渉
（180゜位《い》相《そう》がずれているとき）
干渉
弱め合う

音の重なり②～うなり

人が感じられる「干渉」

2つの音が重ね合わされたときに起きる強め合い、打ち消しを「干渉《かんしょう》」と呼んだ。このとき、2つの音の周波数がわずかに異なると、「うなり」という現象として感じることができる。

この現象は、ピアノの調律や楽器の音合わせではおなじみの現象である。音叉《おんさ》を使って弦を調律するときも、楽器同士で音合わせをするときも、基準となる音が決まっていて、その音とピッタリ音の高さが合わないと「ウワ～ン、ウワーン」と繰り返す波のような音のずれが聞こえる。これが「うなり」という現象である。

「干渉」の項目で述べたように、2つの音が同時に正の音圧となるか負の音圧になるときに強め合い、正と負の音圧となるときに弱め合う。2つの音の周波数が異なると、ある瞬間にタイミングが合って強め合ったとしても、このタイミングは徐々にずれていき弱め合うようになる。さらに時間がたてば、再びタイミングが合った状態になって強め合う。これを繰り返す。これが、「うなり」である。うなりは、2つの非常に近い周波数の音が干渉しておこる音の強弱のゆるやかな変化として知覚されるのである。

したがって、2つの音の周波数の違いが少なければ少ないほど、うなりの強弱の周期は長く、周波数の違いが大きければうなりの周期は短くなる。そして、周波数の違いがある程度以上大きくなると、人間には、うなりというよりも、まったく違った音として知覚されるようになる。

例えば、ピアノのドとレの音を同時に鳴らすと、とても荒々しい不快感をもたらす響きがするが、これなども非常に周期の短いうなりと考えることもできる。

うなりとはなにか？

周波数の近い2つの音を重ねてみると

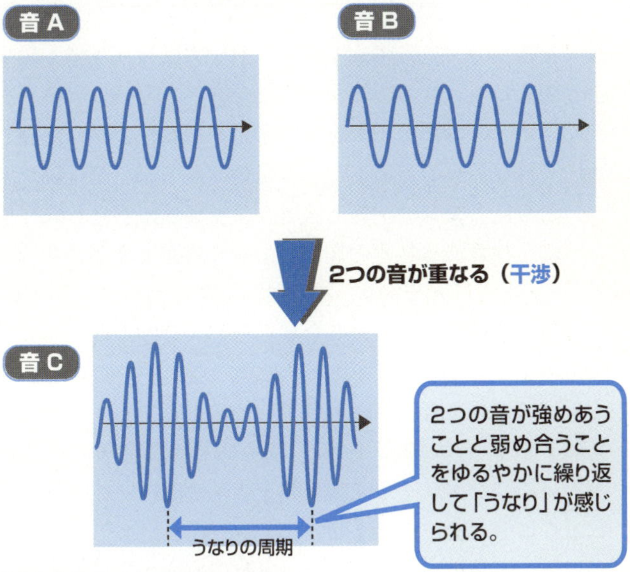

2つの音が強めあうことと弱め合うことをゆるやかに繰り返して「うなり」が感じられる。

身近に感じられるうなり

複数の笛（リコーダー）を同時に鳴らしたとき、音の周波数がそろわないとうなりが生じる。

共振

ばねとおもりのコンビネーション

並べた音叉《おんさ》の一方を鳴らすと、もう一方の音叉が鳴る現象をご存じだろうか。これは片方の音叉から出た音がもう一方の音叉をたたくために起こる。このたたく力はとても小さいが、音叉の振動《しんどう》しやすい周波数に一致しているために、よく振動するのだ。飛行機が低空で飛んできたときに、エンジン音で窓ガラスが鳴り出すのも同じ現象だ。このように、物がある特定の周波数《しゅうはすう》でよく振動する現象を「共振《きょうしん》」(共《きょう》鳴《めい》とも言う)と呼んでいる。この共振現象のメカニズムをみてみよう。まずは最も単純な、ばねとおもりのモデルで考える。

ばねにつるしたおもりをちょっと引くと、おもりは振動をはじめる。この振動にかかる時間は、引き方にはあまり左右されない、ある決まった値になる（周波数は一定)。引き方で変化するのは振動の振れ幅である（これが振り子が一定時間をきざむ原理である)。

おもりはいったん運動をはじめると、慣性によってそのままの速度で動こうとする。一方、ばねはおもりに押されて（引っ張られて）縮む（伸びる）と、おもりの動く向きとは反対向きの力を出して、おもりの速度を減じ、ついにはもとの位置に戻そうとする。こうして、慣性力の度合とばねの強さによって振動の周波数が決まるのだ。

この周波数で引くことを繰り返すと、振れ幅はだんだん大きくなって、小さな力であっても非常に大きく振動する。この現象を「共振」と言い、振動しやすい周波数を「共振周波数」と言う。共振周波数はばねの硬さとおもりの重さで決まる。ばねが硬いほど、おもりが軽いほど周波数は高くなる。

高い声を出してワイングラスを粉々に割るなどという芸当も共振のなせるわざで、グラスの共振周波数の声を出しているのだ。

共振とは

音叉《おんさ》で実験

音叉を2つ並べ、片方だけ鳴らすと、もう一方の音叉も振動《しんどう》する。

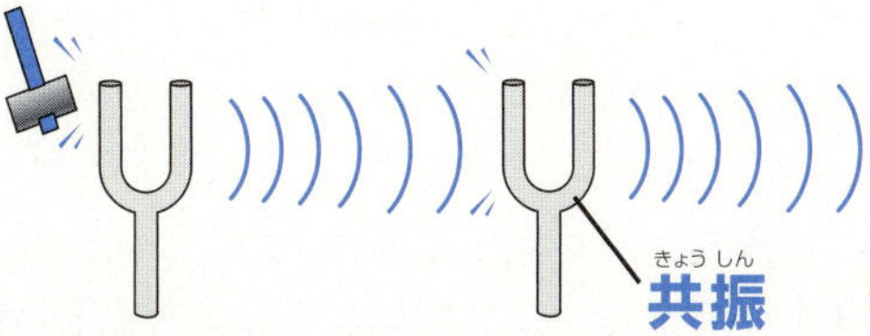

ばねとおもりを使ったモデル

ばねについたおもりを引っぱってから離すと、振動をはじめる。

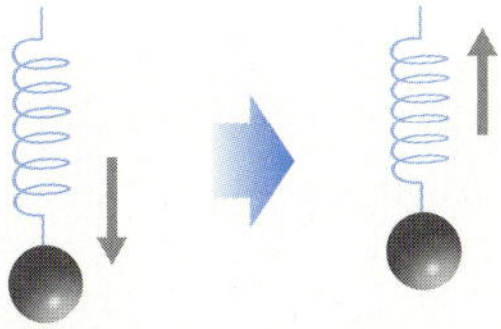

おもりを強く引いても弱く引いても、1回の振動にかかる時間は変わらない（周波数は一定）。

ばねがもっとも振動しやすいタイミング（共振周波数《きょうしんしゅうはすう》）で繰り返し力を与えると、弱い力でも大きく振動する ＝ **共振**

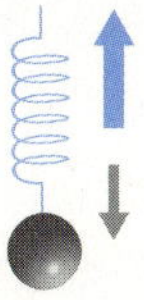

ゴムヨーヨーも共振を利用した遊び

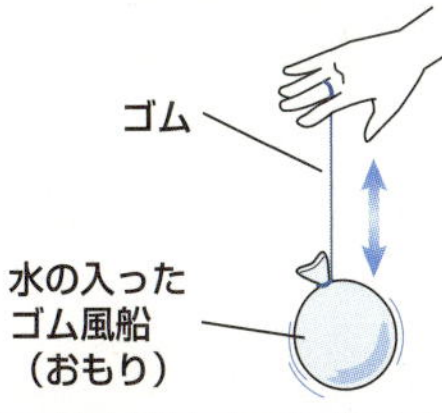

たたくタイミングがヨーヨーの共振周波数と合えば、連続してたたくことができる。

タイミングが合わないと、強くたたいてもうまくいかない。

共振と音

ばねとおもりによるモデル

前のページでは、ばねとおもりの単純なモデルの共振《きょうしん》を考えたが、実際に音を出す物は、弦や棒、膜、板というような物なので、このような物の振動《しんどう》を考えよう。これらの物にも共振周波数《きょうしんしゅうはすう》があり、共振周波数ではよく振動して特に大きな音を出すことになる。

このような実際の物体は小さなばねとおもりが無数に集まったものと考えよう。あらゆる物体が質量《しつりょう》と弾性《だんせい》を持っているからだ。

ばねとおもりによって共振は発生するが、ばねとおもりの数を増やすと共振の数も増える。そして、それぞれの共振周波数に対応した多数の振動のパターンを持つようになる。例えば、図のようにおもりが2つ、ばねが3つの場合を考えよう。2つのおもりが同じ向きに同じように運動する振動パターンと、2つのおもりが互いに逆向きに運動する振動パターンが存在する。これらの振動パターンでは互いに共振周波数が違う。前者の振動パターンでは、真ん中のばねは変形しないので、あってもなくても同じであり、ばねとおもりがひとつずつのときと同じ共振周波数になる。後者では、真ん中のばねも伸び縮みをする。このときには、1つのおもりにその両側のばねが作用するので、硬いばねが付いたのと同じことになり、前者より共振周波数が高くなる。なお、振動のパターンのことを「振動モード」と呼んでいる。

実際の物体は、ばねとおもりが無数にあると考えてよいだろう。すると、無数の振動モードと共振周波数を持つことになる。簡単な物ではギターの弦がある。両端が固定され動かないので、図のように弓なりの振動モードを持つ。これを基本に、この弓なりがいくつか連なった形の振動モードが存在する。これらの共振周波数は、基本モードの共振周波数の整数倍となって、倍音《ばいおん》を発生する（104ページ参照）。

物体の共振

おもりが2つ、ばねが3つの場合

●パターン1（2つのおもりが同じタイミングで振動）

◎パターン1の振動

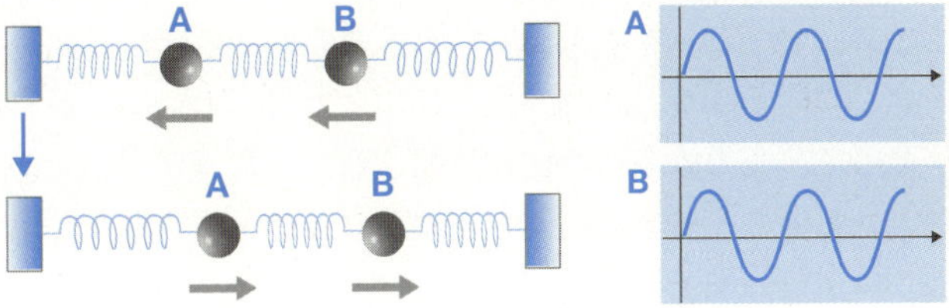

●パターン2（2つのおもりが逆のタイミングで振動）

◎パターン2の振動（パターン1より周波数が高い）

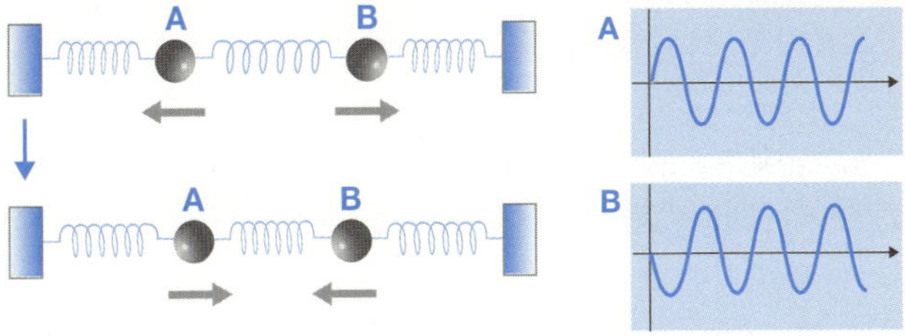

実際の物体は、無数のばねとおもりがあり、たくさんの振動モードが生じる。共振周波数（f）は、基本モードの整数倍。

基本モード 周波数f1 （基音）	2次モード 周波数f2=f1×2 （2倍音）	3次モード 周波数f3=f1×3 （3倍音）

ドップラー効果

サイレンの音はなぜ変化するのか？

サイレンを鳴らした救急車が近づいてくるときと遠ざかって行くときで、サイレンの音の高さ（周《しゅう》波《は》数《すう》）が違ってくる。これが「ドップラー効果」と言われるものだ。

音の高さは、1秒間に耳に入ってくる圧力の高低の変化の回数である。音源が近づいてくるときは、過去に出した音に追いつく形で音源が移動するので、圧力の高低の変化が密になり、音源が出している音の周波数よりも聞こえる音の周波数が高くなる。一方、音源が遠ざかる場合はこの逆で、周波数が低くなる。つまり、音源の移動速度と音速との関係で実際に聞こえる周波数が決まるのだ。

もちろん、音源が動かなくとも、観測者が移動すれば同じようにドップラー効果が起こる。観測者が音源に近づく場合、音波を迎えに行くことになるので、1秒間に耳に入ってくる圧力の高低の変化の回数は多くなり、周波数が高くなって聞こえることになるからだ。観測者が遠ざかる場合は逆に周波数が低く聞こえる。

例えば、時速60kmの救急車がこちらにまっすぐ向かってくるとき、時速60kmは音速の約$\frac{1}{20}$なので、そのサイレンの周波数はもとの周波数の約$\frac{1}{20}$高く聞こえる計算になる。

実際は、音源が真っ正面から向かってくることよりも、観測者の前を通過するケースが多い。この場合、音源の動く方向と音源から観測者に音が伝わる方向は、ずれている。音が伝わる方向に音源がどれだけの速度で近づくか（遠ざかるか）が問題なので、実際の移動速度のこの方向の成分で考える必要がある。瞬間瞬間で音がやってくる方向が時々刻々変化するので、音の高さは徐々に変化してゆく。観測者の目前を通過する瞬間には音源本来の音が聞こえるわけだ。

ドップラー効果のしくみ

ドップラー効果とは

音源が近付いてくるとき、音源は過去に出した音に追いつきながら移動するために、前方の波長が短くなり、出ている音よりも高く聞こえる。これをドップラー効果と言う。

●音源（救急車のサイレン）がこちらに向かってくるとき

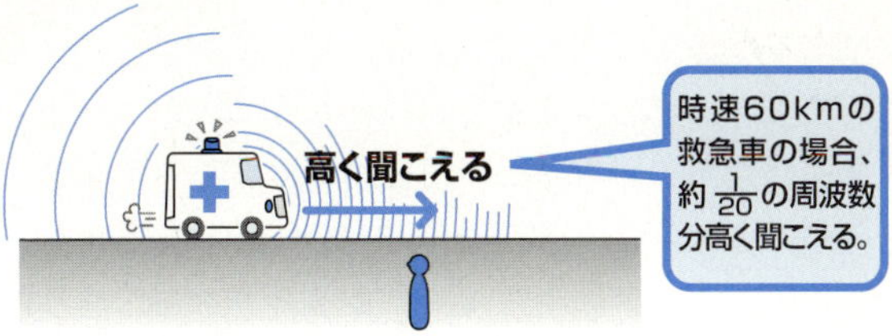

高く聞こえる
時速60kmの救急車の場合、約$\frac{1}{20}$の周波数分高く聞こえる。

●音源が離れていくとき

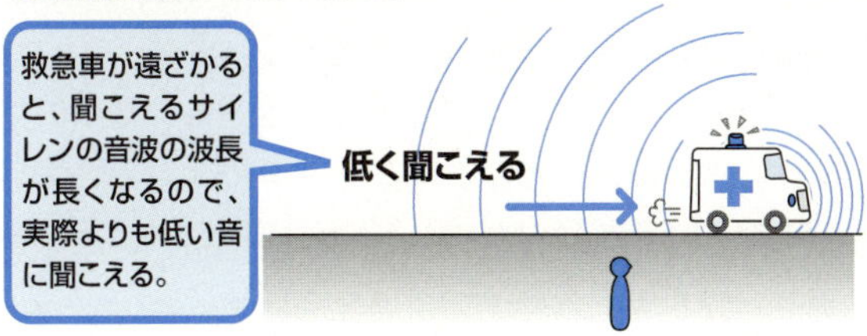

救急車が遠ざかると、聞こえるサイレンの音波の波長が長くなるので、実際よりも低い音に聞こえる。
低く聞こえる

●音源が目の前を通り過ぎる場合

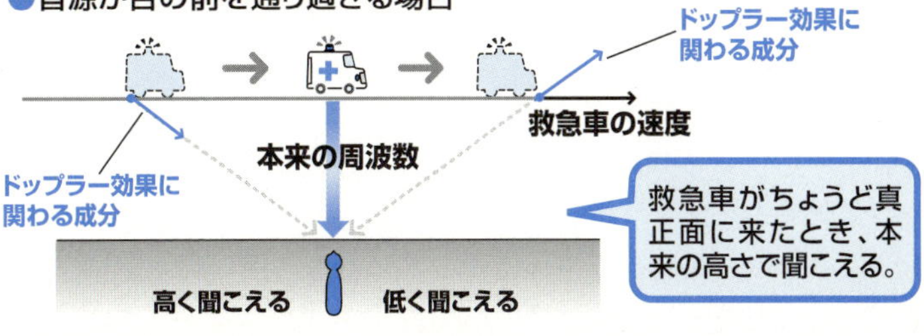

ドップラー効果に関わる成分
救急車の速度
本来の周波数
ドップラー効果に関わる成分
救急車がちょうど真正面に来たとき、本来の高さで聞こえる。
高く聞こえる
低く聞こえる

衝撃波

音よりも速く動くと何が起こる？

電車でも自動車でも人間でも、移動するときは空気をかき分けている。ふつうは、音の進む速さのほうが速いために、音は前方にも進んでいくことになる。

しかし、ジェット機のように速度が非常に速くなると、音よりも速く移動する場合がある。つまり、音が物体の移動に追いつかなくなる状態である。そのとき生じるのが「衝撃《しょうげき》波《は》」と言われるものだ。

音速は空気の動きが伝わる速さであるとも言える。つまり、空気中を移動する物によって空気がかき分けられる場合に、空気が無理なく対応可能な最大の運動速度であるということだ。したがって、ジェット機の速度のほうが速くなってしまうと（音速＝340m/秒＝マッハ1）、空気は移動している物体をなめらかによけきれなくなり、圧力が不連続的に変化した波形を持った衝撃波が発生する。

衝撃波は極めて強い音を出したときにも発生する。特に水中の強力な超音波で観測しやすい。普通の強さの音波では波の１周期の間で音速は一定と考えられるが、音が強くなると、音圧そのものによって音速が変化してしまう。つまり、音圧が正に高い瞬間には音速が速く、音圧が負のときには音速が遅くなる。音圧が正のところは先に進み、音圧が負のところは遅れてくるわけだ。したがって、はじめはきれいな正弦《せいげん》波《は》音《おん》波《ぱ》を発生させた場合でも、伝わって行くうちに波の前面が切り立ったノコギリ波状に変貌《へんぼう》してゆく。垂直に切り立ったところより音圧のピークは先に進むわけにはゆかず、このとき衝撃波となる。この衝撃波の波形をＮ波と呼ぶ。

このように、音圧そのものによって媒質の性質が変化して、逆に音圧にそれが反映するような現象を非《ひ》線形現象《せんけいげんしょう》という。

衝撃波の発生

飛行の速度による衝《しょう》撃《げき》波《は》の発生

●音速を超えない場合

衝撃波は発生しない。

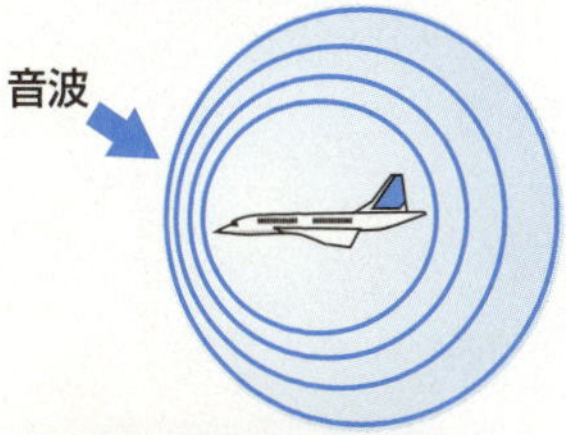
音波

●音速より速く進む場合

衝撃波が発生する。

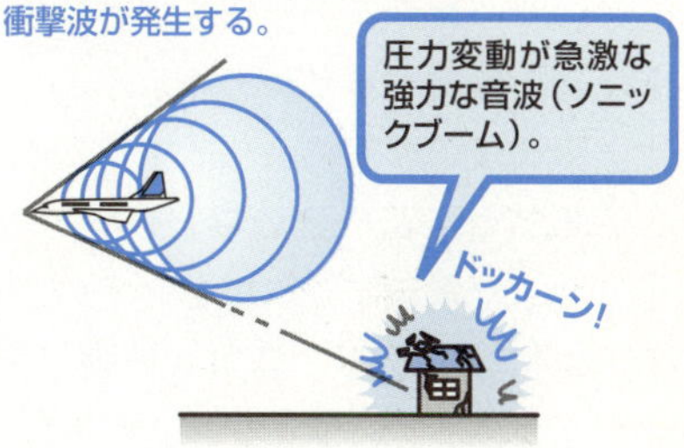
圧力変動が急激な強力な音波（ソニックブーム）。
ドッカーン!

衝撃波の角度

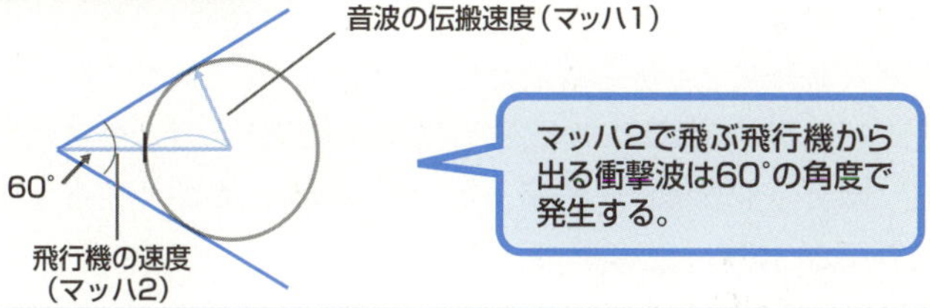
音波の伝搬速度（マッハ1）
60°
飛行機の速度（マッハ2）
マッハ2で飛ぶ飛行機から出る衝撃波は60°の角度で発生する。

●高音圧によるN波の発生

きわめて強い音の場合、圧力によって音速が変化し、進んでゆくうちに、N波と呼ばれる衝撃波波形になる。これを非《ひ》線形現象《せんけいげんしょう》と呼ぶ。

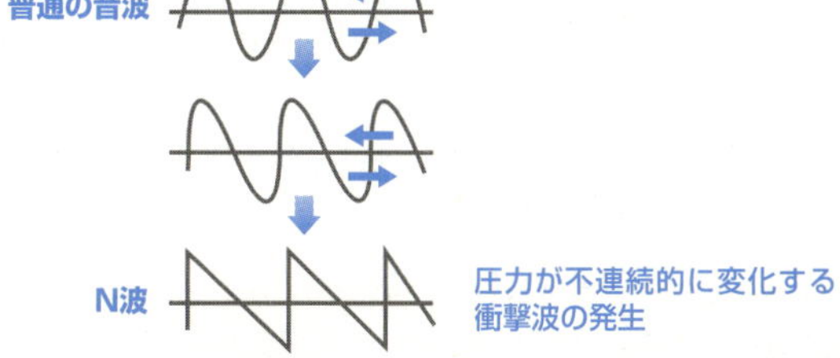
普通の音波
N波
圧力が不連続的に変化する衝撃波の発生

雷の音

音の性質のまとめ

この章では、音の性質を中心に述べてきた。ここで、雷に例をとって、音の性質をまとめてみよう。

上昇気流の摩擦によって生じた静電気を蓄えた雲が「雷雲《らいうん》」である。この電気が地面や他の雲との間で放電するのが「雷《かみなり》」だ。絶縁を破って大きな電流が流れると、その道筋の周りの温度が瞬間的に上昇する。これによって、空気が急速に膨張《ぼうちょう》・収縮して音を発する。これは「バシッ」という「インパルス音」である。このような空気の振動《しんどう》、疎密《そみつ》の変化が音の正体だ。したがって、空気のような媒質《ばいしつ》がなければ音は伝わらない。宇宙までは雷の音は聞こえないわけだ。

同じ波動現象でも光と音では伝搬速度《でんぱんそくど》が極端に異なるために、閃光がとどいた後で音が耳にとどく（光速は30万km/秒、音速は約340m/秒）。「ピカッ」と光った瞬間から「ゴロゴロ」と聞こえるまでの時間が3秒であれば、光は瞬時にとどくと考えて、雷が落ちた場所は340×3＝約1km先だ。

「バリバリ」「ゴロゴロ」という繰り返し音は、建物や遠くの山に「反射」した音である。

遠い雷は「ゴロゴロ」「ドロドロ」という低い音になるが、これは、雷の音に含まれるさまざまな周波数《しゅうはすう》の音のうち、高い音ほど伝わっていくうちに空気や地面の植物などで吸収されて弱まるからだ（「音の減衰《げんすい》」「吸音《きゅうおん》」）。また、高い音ほど「直進性」が強いため、物陰では聞こえにくい。低い音は障害物の裏側にも容易に回り込む（「音の回折《かいせつ》」）。

家の窓枠が雷の音に「共振《きょうしん》」してブルブル震えることがある。音は液体や固体中も伝わるが、固体中は特によく伝わることが多い。

雷で見る音の性質

雷を例にして、簡単に音の性質を振り返ってみよう。

●雷《かみなり》の発生

雲の電圧が高くなると、地面との間に電流が流れる。これが、落雷である。

●媒質の振動
●インパルス音
●反射

空気の体積が急速に膨張《ぼうちょう》し、バリッという音がする。音は340m/秒で伝わり、山や建物に反射してバリバリと繰り返す。

●周波数《しゅうはすう》 ●回折《かいせつ》
●減衰《げんすい》 ●共振《きょうしん》

雷が遠い場合、ドロドロドロや、ゴロゴロ…などの低い音だけが聞こえるが、高い音は遠くまでとどきにくく、物陰などにも回り込みにくいからだ。

▶ささやきの回廊

トンネルの中では、小さな話声でもよく聞こえることがある。これは、コンクリートの壁面で音が反射するため、よそに逃げることなくトンネル内を伝わるからである。

また、壁面が内側に緩やかに曲がっている場所では、音が反射を繰り返して、壁面に沿ってよく伝わる場合がある。円形の回廊などで起こる現象で、思わぬ位置で思わぬ音が聞こえるので「ホイスパリング・ギャレリー・モード（ささやく回廊のモード）」と言われている。ロンドンのセントポール寺院などが有名である。

一方、楕円形の壁面で囲まれている場所では、ある位置で出した音が、別のある位置でとても強く聞こえるということがある。実はこの２つの位置は楕円の「焦点」であって、ひとつの焦点から四方に出た音は、壁面で反射して、もう一方の焦点に集まる性質を持っている。この性質を利用して、凹面を用いると、音を集めることができる。衛星放送受信用のパラボラアンテナと同じである。

第3章

音の分析と
ここちよい音の秘密

音を波形で表す

場所の変化と時間の変化

縦波《たてなみ》である音波《おんぱ》をそのまま疎密《そみつ》で模式図にすると、音の伝わる様子は表せても、大小関係を精密に表現するのは難しい。そのため、縦軸を音圧や媒質《ばいしつ》の運動速度（これを粒子《りゅうし》速度《そくど》と言う）を示した波形で表すことが多い。ここでは音圧で考えてみよう。このとき、横軸には場所か時間の2通りが考えられる。

空気の疎密の模式図は、ある瞬間の音波の様子を示しており、そのまま波形にすると、横軸は音が伝わる場所の変化になる。まず、このような場所でみた場合について述べよう。空気が密な場所は音圧が高いので、値はプラスとなる。疎密の中間の、音のないのと同じ状態の場所ではゼロ、疎のときはマイナスだ。もっとも、音は刻々と変化するので、ある瞬間の音圧ではなく、絶対値の最大や時間平均を表示することが多い。音圧の大きさが最大の点を音圧の腹《はら》、ゼロの点を節《ふし》と言うが、この場合、腹と腹の距離あるいは節と節の距離が半波長になる。

一方、ある場所に立ち止まって、その場所の音圧の変化を波形にすると横軸は時間の推移を示す。マイクロホンの出力電圧をオシログラフで見たものはこの波形だ。この場合、最大値から次の最大値までの時間経過が音の周期《しゅうき》ということになる。そして、1秒間にこの周期が繰り返される数が音の周波数《しゅうはすう》になる。

ところで、音圧が最大の場所は、媒質が両側から押し詰められた場所なので、媒質の運動はない。すなわち速度ゼロだ。音圧がゼロの場所では、隣に音圧の大きい場所を作ろうと媒質が動いている最中なので、速度が速くなる。音圧と媒質の粒子速度では、このように4分の1波長（位相で90度）ずれている。音圧で考えるか、媒質の粒子速度で考えるかによって、腹と節が入れ替わることに注意して欲しい。

疎密波を図で表す

なぜ波形で表すのか

音波は縦波で、疎密波《そみつは》である。図で表現しても、波の形にはならない。音圧や媒質《ばいしつ》の運動速度などの、精密な数値を示すために、波形を使って便宜的に表現している。

●縦波

●音圧の場所による変化

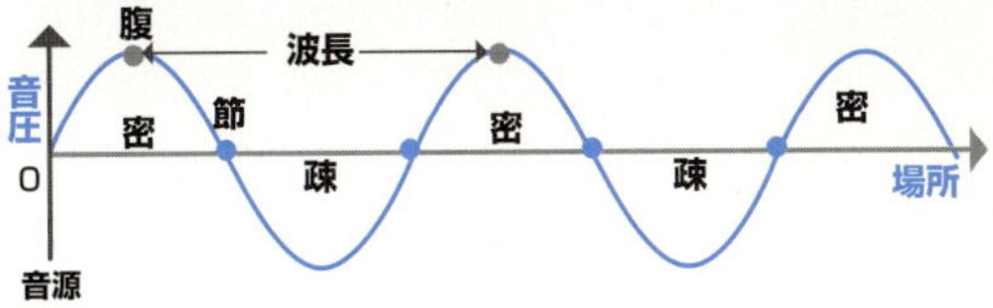

●音圧の時間変化

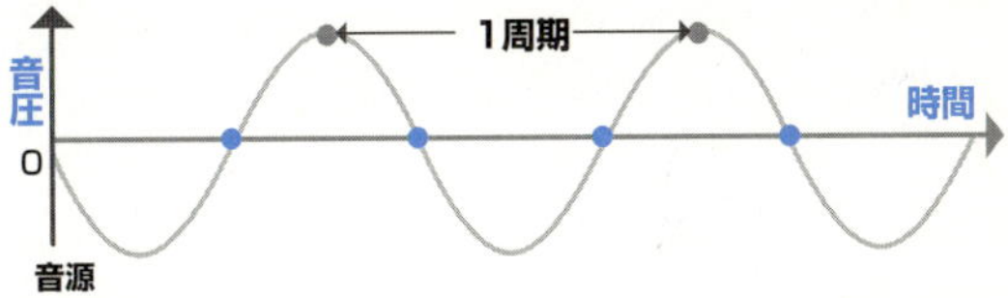

波形を作って音を再現

ある楽器の出す音の波形と同じ形の波形をつくれば、その楽器の音《ね》色《いろ》をそっくりそのまま再現できる。シンセサイザーによってつくられた音などがそれに当たる。

純音と正弦波

最も単純な音の要素

音の説明のために使われるきれいな波形は、「正弦《せいげん》波《は》（サインカーブ）」という最も基本的な波形だ。縁に目印をつけた円板を一定速度で回転させたとき、その目印の高さが変化する様子を時間を追って図にすると正弦波になる。ばねに吊《つ》るしたおもりの上下《じょうげ》振動《しんどう》も正弦波である。

このような正弦波で表せる音は「ピー」という単純なもので、「純《じゅん》音《おん》」と言われている。聴力検査のときに聞かされる音がこれだ。口笛などは比較的、純音に近い音であるが、純音は自然界に存在する音や楽器の音、人の声とは違った、人工的な感じのする音である。

純音《じゅんおん》、すなわち正弦波の場合には、周波《しゅうは》数《すう》（高さ）と音圧（大きさ）だけでその音の性格を完全に表現できる。「周波数○○Hz、音圧レベル○○dB」と言えばその音以外にはないのだ。逆に言えば、ふだん耳にする音は、簡単な数値で表すことは難しい。

純音は音《ね》色《いろ》をあまり感じない、無味乾燥な音と言うこともできるかもしれない。

では、なぜそんな無味乾燥な音が大切なのかと言えば、音を分析していくと純音があらゆる音の基本構成要素になっているからである。

騒音のような濁ったうるさい音でも、周波数と音圧の異なった多くの純音に分解することができるし、その一方で、たくさんの純音を組み合わせることで、様々な音をつくり出すこともできる。

また、ある部屋の音の伝わり方を調べるような場合、純音の伝わり方を調べれば、いろいろな周波数の純音の伝わり方の性質を組み合わせることで、実際のあらゆる複雑な音の伝わり方を推測することができるのだ。

音の基本構成要素＝純音

正弦波《せいげんは》

最も基本的な波形を正弦（サイン）波と言う。
振動の変化は正弦波で表すことができる。
変化する位置のことを位相《いそう》と言う。

●正弦波の例

縁に印のついた円板を回転させ、印の上下の位置の変化を図にすると、正弦波となる。

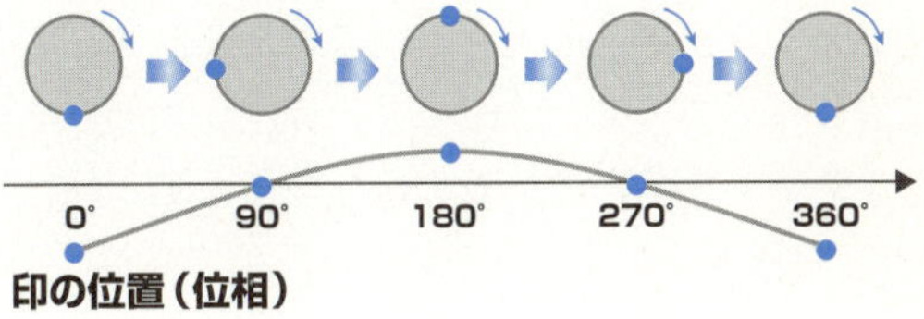

0°
90°
180°
270°
360°
印の位置（位相）

純音《じゅんおん》の波形

すべての音は、複数の純音に分解することができる。純音とは最も基本的な音である。
純音の波形は正弦波で表すことができる。

●純音の波形図

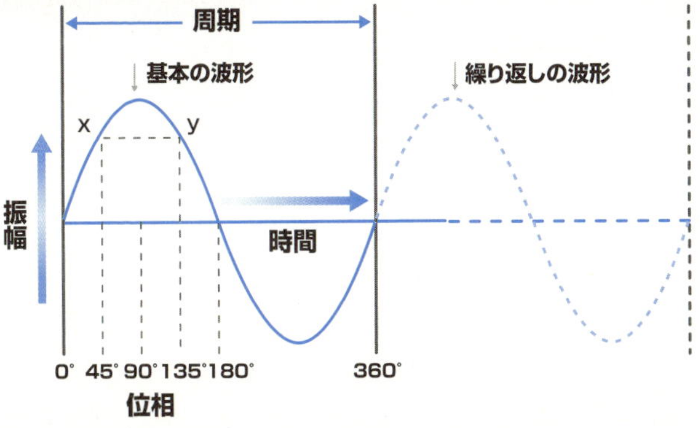

周期
基本の波形
繰り返しの波形
x
y
振幅
時間
0° 45° 90° 135° 180°
360°
位相

複合音

純音の組み合わせ

純音《じゅんおん》に対して、2つ以上の純音が入り混じった実際の音を「複合音《ふくごうおん》」と言う。ここでは、純音以外の音はすべて複合音であると考えよう。

複合音にもいろいろな種類がある。例えば、放送が終わったあとのテレビから出る「ザー」という雑音は、あらゆる周波《しゅうは》数《すう》の純音が一様に混じったもので、脈絡のない音だ。太陽光や蛍光灯の白色光があらゆる色の光を含んでいるのになぞらえて、「白色雑音《はくしょくざつおん》（ホワイトノイズ）」と呼んでいる。

また、周波数が高くなるにしたがって、含まれる音の強さが弱くなる「1/f（エフ分の1）雑音」というものもある。周波数（ f ）が2倍になると、大きさが反比例して$\frac{1}{2}$倍になるという性質を持っているというわけだ。これは、光で言うと波長の長い赤色の成分が強いので、「ピンクノイズ」などとも言う。

一方、いくつかの周波数で強い成分を含む音は、楽器などでみられる。ふだん音として意識するものには、このような音が多い。

特に楽器の音の場合、その音の成分中最も周波数が低く強い成分（基《き》音《おん》）と、その整数倍の周波数成分が強いのが普通だ。こうした周波数が基音の整数倍である成分を「倍音《ばいおん》」と言う。倍音が含まれた複合音は、「音《ね》色《いろ》」が強く意識されるようになる（106ページ、114ページ参照）。

ここでは、含まれる周波数成分でみてみたわけだが、このような複合音の波形を見ると、正弦《せいげん》波《は》とはかけ離れた複雑な形状をしている。白色雑音ではまったくランダムであるし、倍音を含んだ音では、ゆったりした変化と細かい変化が混じった波形を見ることができる。その発生メカニズムによって、どのような複合音になるかが決まる。

複合音の波形

私たちが日常的に耳にしているすべての音は、純音《じゅんおん》以外全部が複合音《ふくごうおん》である。

●周波数成分

基音《きおん》と倍音《ばいおん》

楽器などに多い。

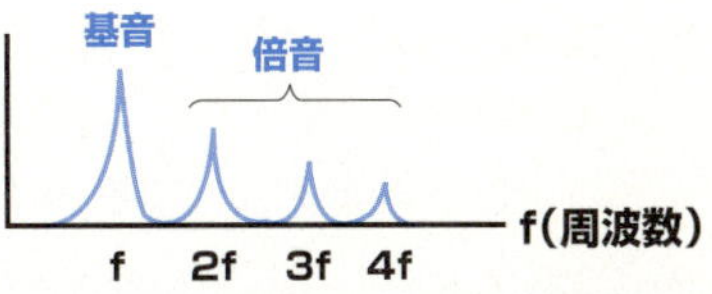
基音
倍音
f(周波数)
f
2f
3f
4f

●時間波形

倍音を含む複合音

これは3倍音と基音が重なってできた波形。

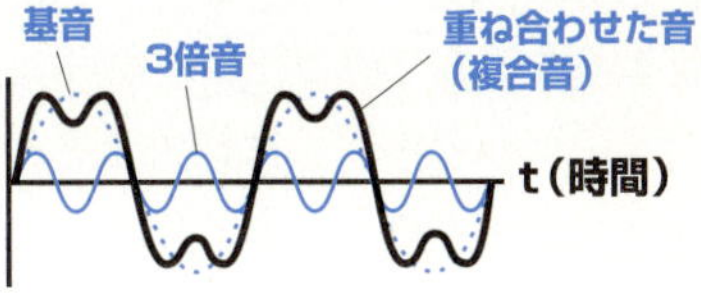
基音
3倍音
重ね合わせた音
(複合音)
t(時間)

ホワイトノイズ

あらゆる周波数の音(ノイズ)が含まれる波形。

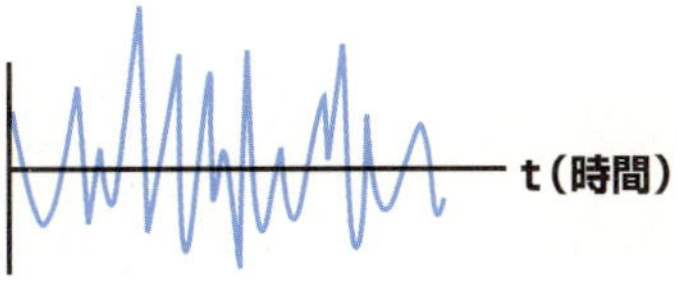
t(時間)

ホワイトノイズとピンクノイズ

●ホワイトノイズ

すべての周波数の音が均一に含まれる音。放送終了後のテレビから聞こえてくる音など。
ガー
ザー

●ピンクノイズ

光で言うと、波長の長い赤色の成分が強いのでこう呼ばれる。1/f 雑音とも言う。小鳥のさえずり、小川のせせらぎなど。

1/fは気持ちがいい?

人間に快適な音の性質

テレビ放送終了後、電波が無いとき、「ザー」という雑音が聞こえるが、これを周波数分析すると、あらゆる周波数成分が均等に含まれている。こういう雑音を、「白色雑音《はくしょくざつおん》（ホワイトノイズ)」と呼ぶことは前項で述べたとおりだ。心地よい音ではない。これと対極をなす音は、「ピー」という純音で、周波数分析すると、単一の周波数成分しか含まれない線スペクトルとなる。これも無味乾燥で、楽しい音ではない。これらの中間の性質の音として、周波数に反比例してその周波数の成分が含まれる割合が小さくなる「1/f（エフ分のいち）音」というのがあるが（前項参照)、これは人間に心地よいという説がある。たいていの音楽は、その曲全体を周波数分析すると1/fになっているのだと主張する人もいる。これに異を唱える人もあって、その議論のゆくえはまだはっきりしないが、次のような解釈が考えられるのではなかろうか。

白色雑音は、時間軸で見ると、不規則に変化する音である。次が予測できないランダム現象である。これに対し、純音はずっと同じ高さの音が同じ大きさで鳴っている音であり、次が完璧に予測できる。人間は、次に起こることが全くわからない状態も、分かりきっている状態も好きではない。これに対して1/fは、ある程度予測できるけれども、予測を裏切ることもある、という状態である。いろいろな楽器が勝手に音を出すのもいやだけれども、メトロノームのように単調なのもつまらないのであって、音楽の調べはこの中間だというわけである。

なお、一般に人間の感覚は、変化するものに対して感度がよい。これは周波数分析的にみると、周波数に比例した「f」という特性になる。これと1/fを掛け算すると1になるということは興味深い。

1/f 音をスペクトルでみると

白色雑音（ホワイトノイズ）の時間波形とスペクトル

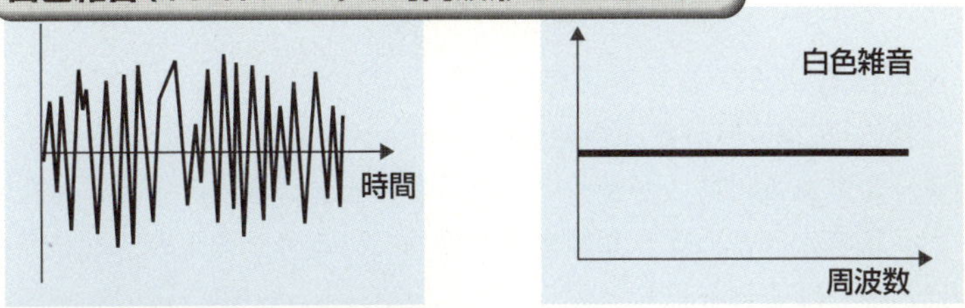

純音の時間波形とスペクトル

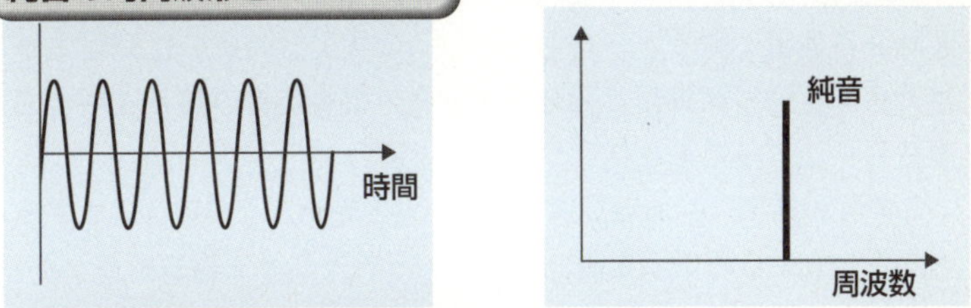

1／f音の時間波形とスペクトル

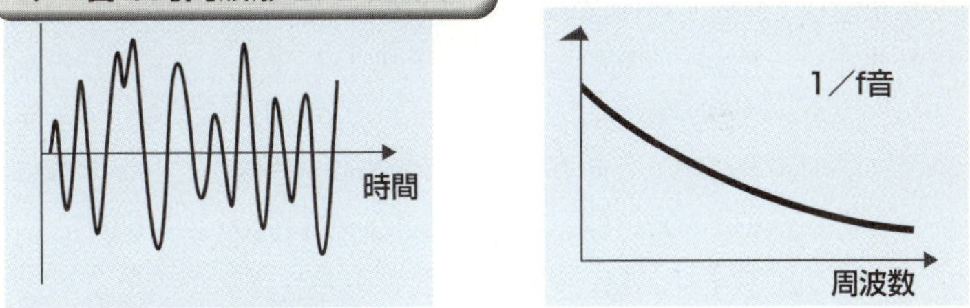

1／f音のここちよさ?

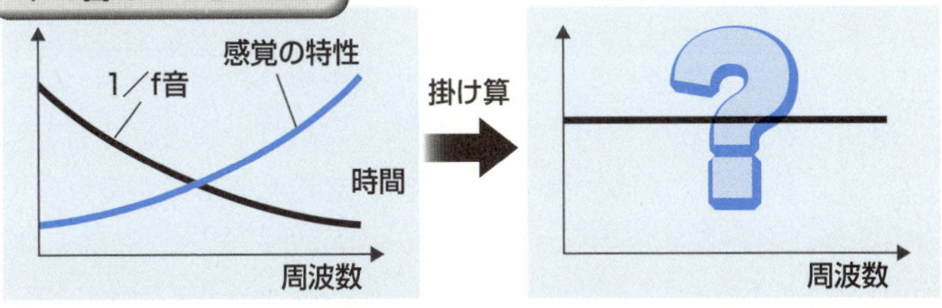

周波数分析

複合音をいろいろな周波数に分ける

音には「純音《じゅんおん》」と「複合音《ふくごうおん》」があり、ふだん耳にする音はすべて複合音であると言ったが、いろいろな周波数《しゅうはすう》や音圧を含んだ複合音には、実際にはどのような純音が含まれているのだろう。それを調べることを「周波数分析」と言う。

太陽の光をプリズムに通すと7色の光の帯に分解されるように、周波数分析装置を使うと、音もいろいろな周波数の成分に分離することができる。分析結果は、横軸が周波数、縦軸が音の強さを示す図表で表され、この結果を「スペクトル」と言う。

この分析結果は、ある周波数にねらいを定め、その成分の大きさを調べることを、いろいろな周波数について行うことで得られる。だから、一昔前の分析器では、ある特定の周波数だけを通すフィルター回路をたくさん使って、音を各周波数成分に振り分けていた。電気的な回路が利用できなかったもっと昔には、「共振現象」を用いた周波数分析を行っていた。有名なのが後で述べる「ヘルムホルツの共鳴器《きょうめいき》」で、周波数に応じて大きさの異なったたくさんの共鳴器を準備し、どの共鳴器から大きな音が出るかを耳で聞いて判断していた（112ページ参照）。

一方、スペクトルは音圧の時間変化波形から計算で求めることも可能である。あらゆる周期的波形をいろいろな周波数の正弦波《せいげんは》の組み合せで表せることをはじめに提唱したのが、フーリエという18世紀末のフランスの数学者だ。だから、周波数分析のことを別名、「フーリエ解析」と言う。コンピュータが進歩した現代の周波数分析装置は、フーリエの理論による計算でスペクトルを求めるものがほとんどだ。1965年に開発されたFFT（高速フーリエ変換）という素早く計算する方法があるからだ。

音の周波数分析

複合音《ふくごうおん》は、複数の周波数《しゅうはすう》の純音《じゅんおん》が組み合わさってできている。

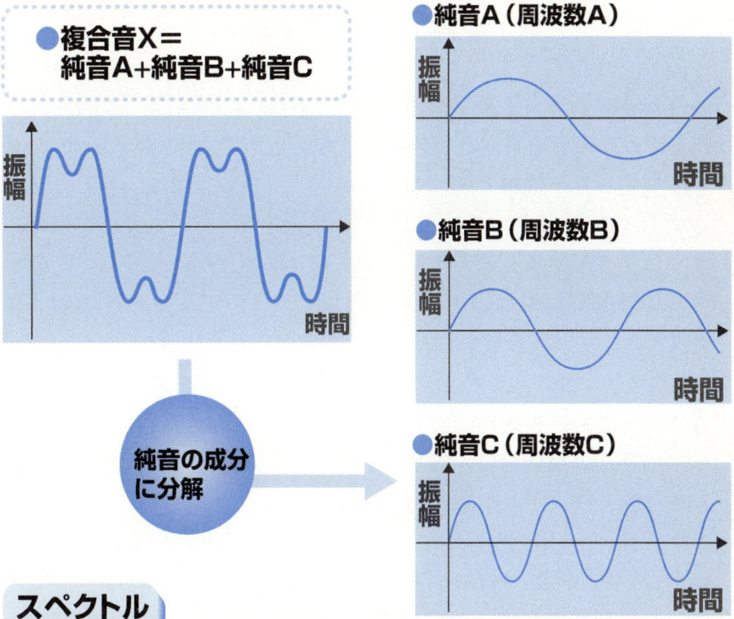
●複合音X＝
純音A+純音B+純音C
振幅
時間
純音の成分
に分解
●純音A（周波数A）
振幅
時間
●純音B（周波数B）
振幅
時間
●純音C（周波数C）
振幅
時間

スペクトル

複合音に、どれだけの強さのどの周波数の純音が含まれているかを表す。

●複合音Xのスペクトル

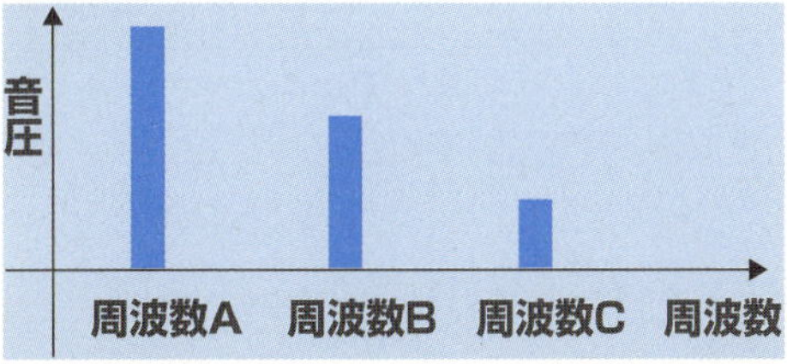
音圧
周波数A
周波数B
周波数C
周波数

周期波形の周波数分析と波形合成

「基本周波数」（＝「基音」）と倍音の成分

純音《じゅんおん》のスペクトルをみてみると、1本の線になっている。スペクトルは周波数《しゅうはすう》の分布を表すものなので、ひとつの周波数しか含んでない純音が1本の線で表されるのは当然だ。

では、もっと複雑な波形《はけい》のスペクトルをみてみよう。複雑な波形の音でも、ある一定のパターンを繰り返すものがある。楽器の音などの多くはそうである。このような波形を「周期波形《しゅうきはけい》」と呼び、その繰り返しの時間間隔を「基本周期《きほんしゅうき》」と言う。そして、その逆数が「基本周波数」（＝「基音《きおん》」）である。周期波形のスペクトルをみてみると、「基音」と、基音の整数倍の周波数の音である「倍音《ばいおん》」の成分から構成されており、整数倍のとびとびの位置にシャープなスペクトルが立っていることがわかる。純音やこのような周期波形の線状のスペクトルを「線スペクトル」と呼んでいる。

例えば、100Hzの基音と200Hzの倍音を含んでいる音のスペクトルでは、100Hzと200Hzの位置に線が立っている。時間波形でみると、100Hzの波形に、その2倍の200Hzが重なったようすがわかる。実際の周期波形にはたくさんの倍音が含まれるが、極端な例として、基本周波数が100Hzの「矩形波形《くけいはけい》」のスペクトルを見てみよう。この場合、100Hzの基音のほかに、300Hz、500Hz、700Hzという奇数倍の倍音が無限に連なっており、基音の音圧を1とすると、それらの倍音の音圧は、$\frac{1}{3}$、$\frac{1}{5}$、$\frac{1}{7}$というように減っている。

次に、逆に、基音と倍音から矩形波形をつくってみよう。基音に3倍音、5倍音と順次加えてゆくと、だんだんと矩形波形に近づいてゆくようすがわかるだろう。無限に高い倍音まで加えたとしたら、角の直角な矩形波形が再現されるのだ。

周期波形のスペクトル

●周期《しゅうき》波形《はけい》・・・・一定のパターン（基本周期）を繰り返す波形
楽器の音など

●スペクトル
（線スペクトル）

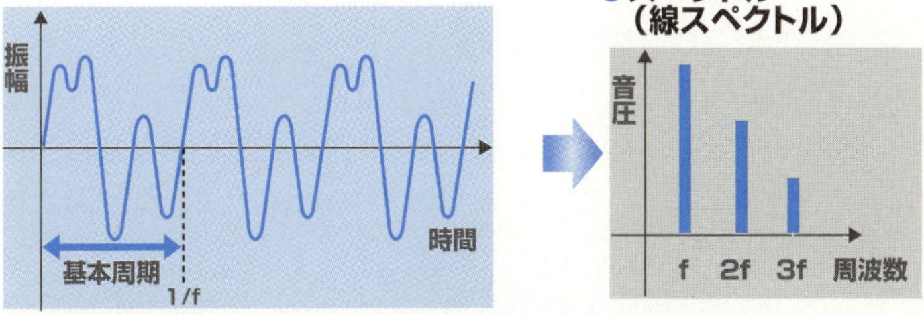

振幅
時間
基本周期
1/f
音圧
f
2f
3f
周波数

基本《きほん》周波数《しゅうはすう》100Hzの矩形《くけい》波形《はけい》スペクトル

●スペクトル

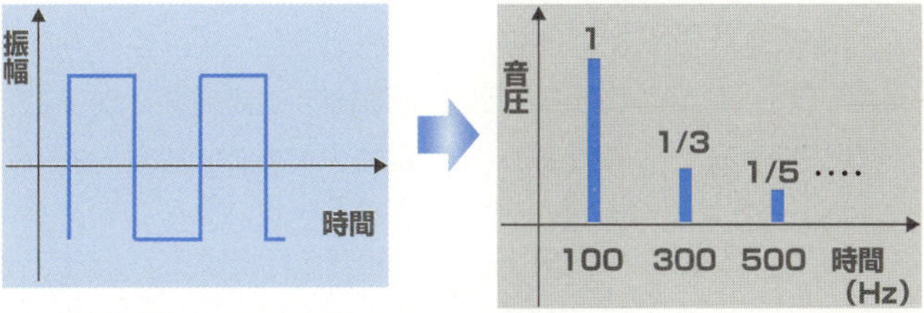

振幅
時間
音圧
1
1/3
1/5 ····
100
300
500
時間
(Hz)

基音と倍音から矩形波形をつくる

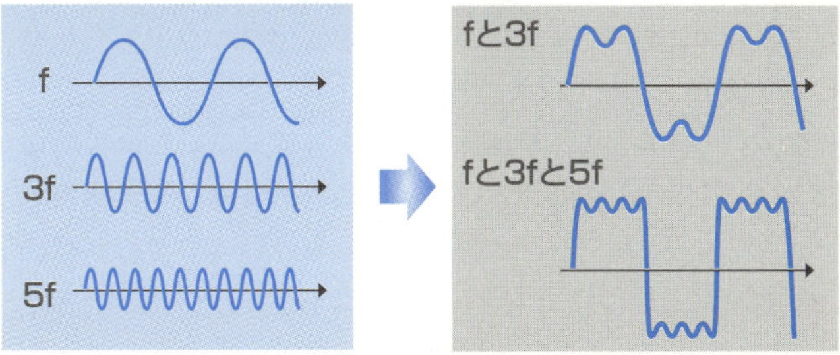

f
3f
5f
fと3f
fと3fと5f

単発波形の周波数分析

インパルス音はいろいろな周波数成分を持つ

前項の矩《く》形《けい》波《は》の合成の例で解説したように、高い周波《しゅうは》数成分《すうせいぶん》まで加えた複合音の時間波形は、波形が切り立ってくる。これはフーリエ解析から得られる基本的な知識で、鋭い波形ほど高い周波数成分を持っていることを示している。逆に、ゆるやかな波形では低い周波数成分が優勢だ。

ところで、太さのない本当の線スペクトルになる音の時間波形は、永遠に続く正弦《せいげん》波《は》であって、ある時間しか続かない音の場合は、線スペクトルと言っても幅が出てくる。継続時間が短くなるほど、周波数が決めにくくなって、スペクトルの幅が広がってゆくのだ。

これを極端にすると、ひと山の波形の場合、スペクトルがどうなるかが想像できる。だらっと変化する連続的なスペクトルが得られることがわかるだろう。この波形は、「ピッ」という短いパルス音や、「ガン」と物をたたいた音など、基本周期を持たない単発の音に対応する。

このように、インパルス音のスペクトルは連続的に変化する。つまり、いろいろな周波数成分を持っていることになる。時間幅が無限に小さい真のインパルス音は、あらゆる周波数成分を一様に含んでいる。ホワイトノイズと同じだ。

このような連続的なスペクトルを「連続スペクトル」と言う。人の声も短い音の集合体なので、連続的なスペクトルを持つが、いくつか特徴的なピークも持った複雑な形状をしている。打楽器の音なども複雑だ。スペクトルに現れるいくつかのピークをつなぎ合わせたスペクトルの概形を「スペクトル包絡《ほうらく》」と呼んでいる。このスペクトル包絡を加工するのが、オーディオ機器のグラフィックイコライザーだ。音の周波数成分をグラフ的に表示して、加工することができる。

周期波形とスペクトル

複合音《ふくごうおん》をスペクトルで表すことによって、その音の特徴がわかる。

時間波形　　**スペクトル**

●永遠に続く正弦波《せいげんは》（純音《じゅんおん》）

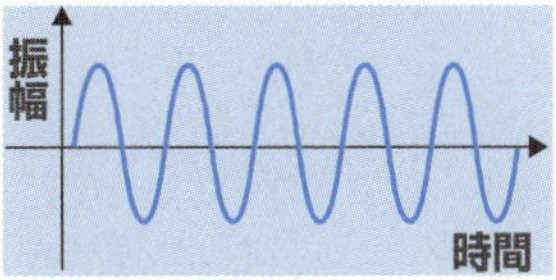

●太さのない線スペクトル

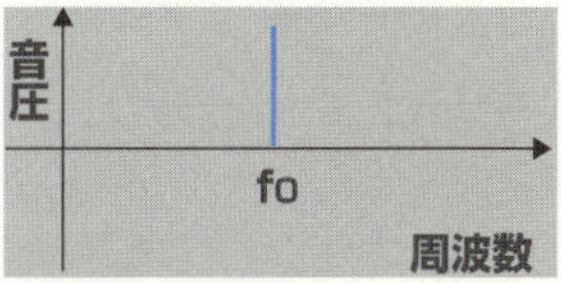

●短時間の正弦波

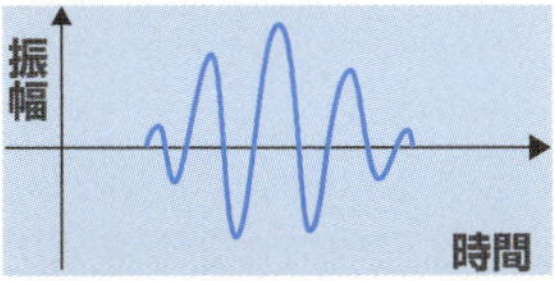

●幅を持ったスペクトル

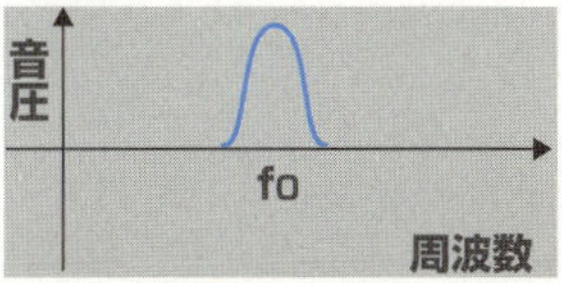

●時間幅が無限に小さいインパルス音

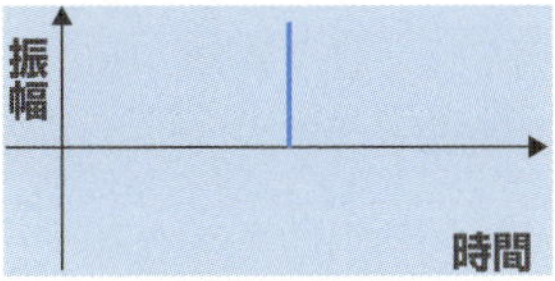

●すべての周波数を等しい音圧で含んだスペクトル

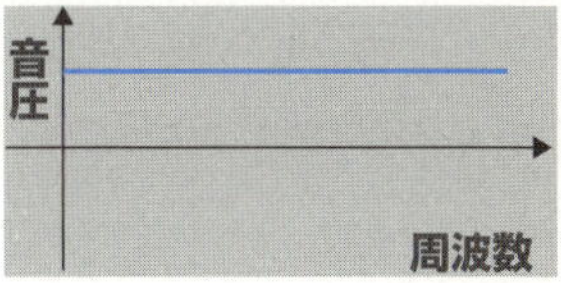

スペクトル包絡《ほうらく》

連続したスペクトルに現れるピークをつないだときに観察される、より大まかな変化。スペクトル包絡によって大まかな音の性質がわかる。

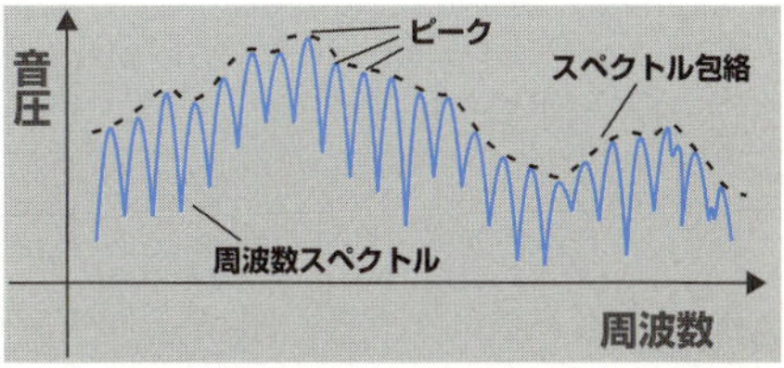

ピッチと周波数

耳で感じられる音の高さ

音の高さは1秒間の振動数《しんどうすう》、すなわち周波数《しゅうはすう》で表せることをたびたび説明してきた。しかし、周波数では、純音《じゅんおん》しか言い表せない。いろいろな高さの純音が混じりあった複合音《ふくごうおん》である実際の音の周波数は「○○Hz」とひとことでは表現できないのだ。

しかし、われわれは実際には複合音を出している楽器の音の高さを言い当てることができるし、ピアノのドの音もトランペットのドの音も、音色は違うが、同じ高さの音として認識する。実際、これらの音の時間波形をオシログラフで観測すれば、ずいぶん違ったものになる。

このように、耳で聞き分けることができる音の高さのことを、音の「ピッチ」という。おおまかには、倍音が存在する複合音の場合、その基音がピッチを決めていると言える。周期波形のもっとも基本的な繰り返しパターンがピッチを決めるのだ。

もっと端的な例で言うと、純音を切り出してきたピッという短いパルス音を、ピピピと短い間隔で繰り返し鳴らした場合には、もとのパルス音が持つ周波数ではなく、繰り返しの間隔（周期）によってピッチが決められる。このように同じ音の繰り返しによってピッチを感じる例は、他にもある。パンと手をたたいた音が階段教室などでわずかずつ異なった距離の多くの反射物からはねかえってきたときなどにもピッチを感じる場合がある。また、エンジンのブーンという音も、ある一定のピッチを持っているように聞こえるが、そのひとつひとつは次々と規則正しくシリンダー内で起こっているガソリンの爆発音だ。

また、純音の場合はかえってピッチは決めにくいときがある。同じ周波数でも、強さを変えるとピッチが変化したように感じてしまうことがあり、音の高さが変化したように聞こえてしまう。

音程はなぜ決まるか

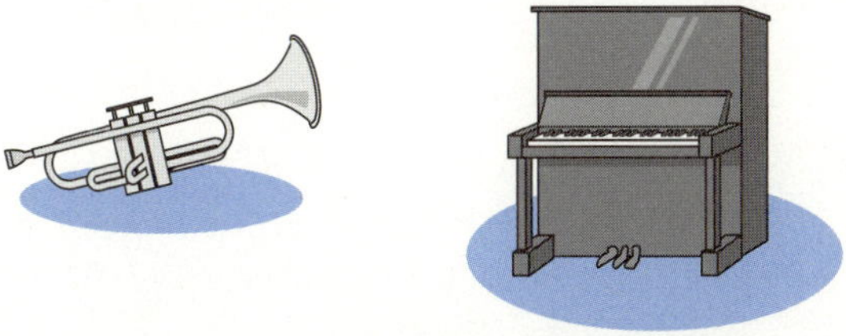

トランペットとピアノの音は、音色が異なる。
しかし、
それぞれの楽器が出すドの音は同じ高さの「ド」として認識される。

これは**ピッチ**が同じため

ピッチ

ピッチとは、耳で聞き分けられる音の高さ。

複合音《ふくごうおん》の基音《きおん》 = 周期《しゅうき》波形《はけい》の繰り返しパターン

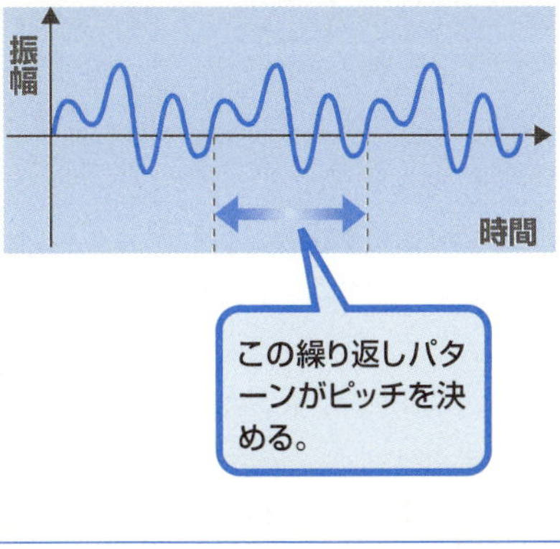

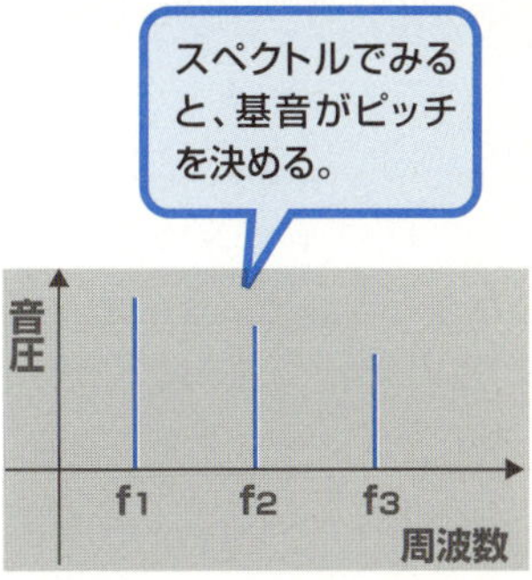

サイレン〜周波数と音

音の高さの感じ方のまとめ

周波数成分とピッチの関係を端的に表しているものの代表に、サイレンがある。最近のサイレンは電気的に合成された音が使われているが、ここで説明するのは、手動やモーターで羽を回して「ウー、ウー」と鳴らすサイレンだ。

サイレンは、プロペラやコンプレッサーでつくった気流を、回転する穴あき板にぶつけるしくみになっている。この穴あき回転板は、固定された同様な穴あき板のそばに置かれている。この2つの板の穴が重なった瞬間に、気流が穴を通過する。一定速度で回転させると、気流が規則的に断続されるようになって、これが音になる。サイレンの場合、断続的に放出される気流によって断続音（インパルス音の繰り返し）が生じるが、穴あき板が速く回転するにつれて高いピッチの音が聞こえるようになる。1回の気流の放出による音を聞くことができたとすると、これは「シュッ」というものであろう。それの繰り返しであるサイレンの音とはずいぶん違う。もとになっているインパルス音の繰り返し周期が、耳に聞こえる音の高さを左右しているのだ。

ところで、人が聞き分けられる最小の音の高さ変化を、周波数の「弁別限《べんべつげん》」と言い、普通の人で、0.3〜0.7％と言われている。つまり、1000Hzの音の周波数が3〜7Hzずれると、高さが変わったと感じるわけだ。一方、音の高さに対する人間の感覚は、物理的な音の高さ（周波数）に比例しているわけではない。例えば、1000Hzの音が3000Hzになっても、2倍に高くなったと感じる。これは音階のオクターブにも対応しておらず、人間の感覚特有のものだ。人間の感じ方を尺度にした音の高さを単位「mel（メル）」で表す。1000Hzを1000melとして、先の例では、3000Hzは2000melだ。

周波数と音の高さ

サイレンのしくみ

サイレン内部には、穴の開いた2枚の板があり、1枚が固定され、もう1枚が回転するようになっている。片方の板だけが回転するので、穴を通る空気の通り抜けが、規則的に断続されて音が出る。

●サイレンの内部

❶プロペラが回ると風が起こる。 ➡ ❷風が固定された穴あき板を通る。 ➡ ❸穴の位置が合ったとき、回転する穴あき板を通る。

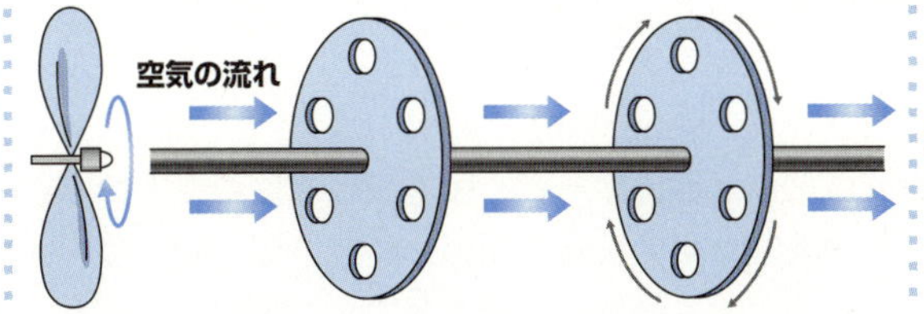

❹大きな連続音が出る。

プロペラ　固定された穴あき板　回転する穴あき板

周波数とピッチの関係

1回ごとの気流の放出音《ほうしゅつおん》は同じだが……

穴あき板が速く回転する

⬇

ピッチが高くなる ＝ 音が高く聞こえる

弦の振動

弦をはじくと出る音

ゴムひもなどをピンと張って、真ん中をそっとはじいてみよう。ギターの弦でも、もちろんかまわない。両端は固定されているので動かないが、真ん中に向かうに従って振れ幅が大きい振動《しんどう》が起きるのがわかるだろう。この振動がまわりの空気を揺さぶるので、音となってわれわれの耳まで届く。

安定して振動している弦の、ある瞬間を写真で撮ったとすると、しなった弓のつるのような形をしている。このとき、弦の長さが、弦を伝わる波の波長《はちょう》のちょうど半分になっているのだ。したがって、弦の長さで振動する周波数《しゅうはすう》が定まるし、弦からでてくる音の高さも決まってくる。長い弦ほど低い音がする。

また、弦を張る強さを強くすると、弦を伝わる波の速さが速くなるので、同じ長さでも高い音になる。ギターなどでは、弦の長さは変えられないが、演奏前に弦を張る強さを変えて音の高さを調節する。

一方、重い弦ほど波の伝わる速さが遅くなるので低い音がする。だから弦の太さや材質によっても音の高さが変化するのだ。このことをもう少し正確に述べると、弦の振動の周波数は、弦を引っ張る張力の平方根《へいほうこん》に比例し、弦の密度の平方根に反比例するという法則が成り立っている。また、弦の長さには反比例する。このように、ある決まった周波数で振動する現象が共振《きょうしん》であると前に述べた。

弦の振動は、だんだん弱まってやがて消えてしまう。これは弦が空気を動かすことや弦の内部の摩擦などで、はじめにはじいたことによって与えられたエネルギーを使い果たしてしまうからである。このような徐々に弱まる振動を、「減衰振動《げんすいしんどう》」と呼んでいる。どの振動も、程度の差こそあれ、減衰振動である。

弦の振動と音

弦《げん》の振《しん》動《どう》と減《げん》衰《すい》

弦をはじくと、弧を描いて振動し、周りの空気が揺さぶられて音が出る。振動はしだいに減衰してゆく。

●両端を固定した弦

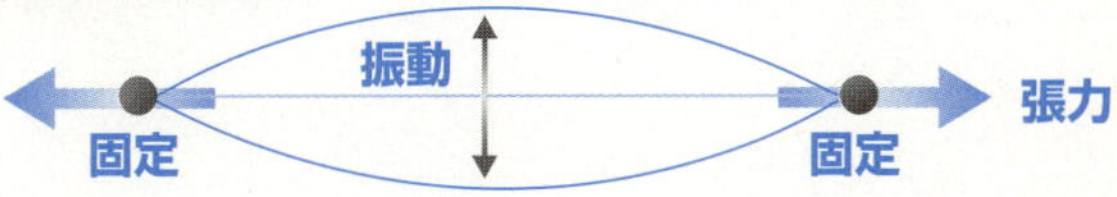

●減衰振動

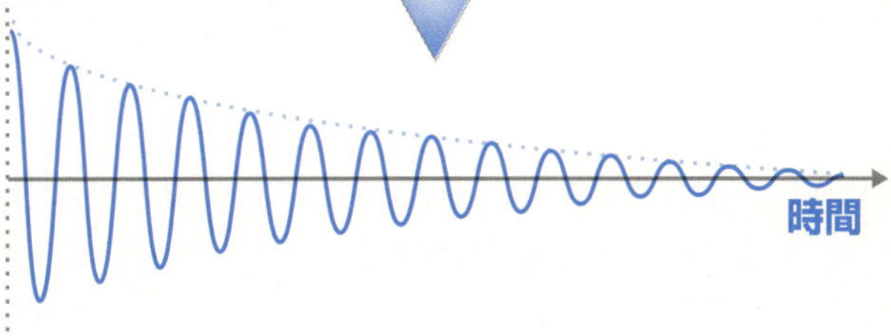

周波数

ゴムひもや弦をはじいたときの音の高さは、以下の式で求められる。

$$\underset{(\text{Hz})}{\text{音の高さ}} = \frac{1}{\text{弦の長さ}\times 2}\sqrt{\frac{\text{張力}}{\text{弦の密度}}}$$

張力を弦の密度で割ったものの平方根《へいほうこん》に音の高さが比例する。
弦を伝わる振動の波長は、弦の長さの2倍である。

倍音

基音を1として考える倍音

弦の振動《しんどう》は、両端が動かないという条件を満たせば、前の項で述べた弓なりのもの以外に、弓なり形状をいくつか連ねた形のものが発生する。この振動では、振動しない「節《ふし》」と呼ばれる点が等間隔に並ぶ。弦の両端も振動しないので節と言える。

弓なり1つの単純な振動が「基本振動」で、そこから出る音が弦の「基音《きおん》」となる。これに対して、弓なりがいくつか連なった、節のある振動から出る音は、基音の整数倍の高さ、つまり「倍音《ばいおん》」となる。この場合、節と節の間隔が1波長の半分なので、節の多い振動ほど波長が短く、周波数《しゅうはすう》が高いことになる。基本振動を「基本モード」、倍音を出す振動を「高次モード」と呼ぶことがある。

普通、弦の振動ではこれらの倍音を含んだ振動となることが多い。しかし、倍音成分は振動の振れ幅が小さくなりがちであり、減衰《げんすい》も早いために、観察はしにくいかもしれない。では、倍音振動を含む割合はどのように決まるのだろうか。

弦をはじく場所の影響が最も大きい。真ん中をはじけば、真ん中が節になる2倍音、4倍音などは起こりにくいが、基音や3倍音は起こりやすい。逆に、端から4分の1のところをはじけば基音と2倍音が起こりやすい。さらに、左端から4分の1のところを上向きに、右端から4分の1のところを下向きに両方全く同時にはじけば、基音は生じにくく、2倍音が強く出るだろう。

一方、鋭くはじくか、弦を横に引っ張ってそうっと離すかといった、はじき具合も倍音の生じ方に影響を与える。ただ、実際の弦楽器では、弦以外の胴《どう》などの構造も倍音の発生の仕方を決める大きな要因なので、はじき方の影響がそんなに大きく出ないこともある。

倍音の発生のしくみ

倍音《ばいおん》の種類と節《ふし》

弦をはじいてできる山が、一つのものが基音《きおん》となり、山がいくつもある音が倍音となる。山の区切りを節という。

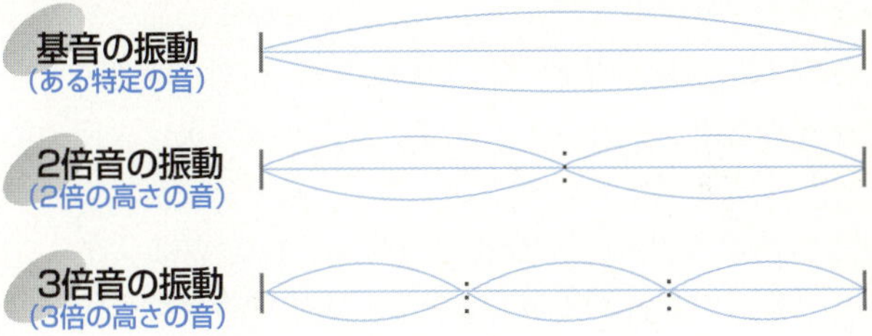

基音の振動
（ある特定の音）
2倍音の振動
（2倍の高さの音）
3倍音の振動
（3倍の高さの音）

はじく場所の違いで生じる倍音の種類

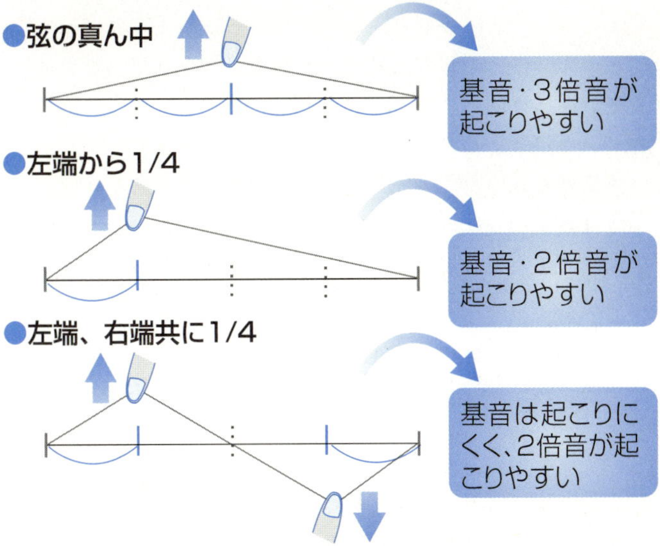

●弦の真ん中
基音・3倍音が起こりやすい
●左端から1/4
基音・2倍音が起こりやすい
●左端、右端共に1/4
基音は起こりにくく、2倍音が起こりやすい

正弦波と共振

共振による音のフィルター効果

前項で、両端を固定した弦は、その長さの2倍を波長《はちょう》とする周波数《しゅうはすう》で振動《しんどう》することを述べた。このように、ある特定の周波数だけでよく振動するのは「共振《きょうしん》」現象によるものだと説明してきた。

ここであらためて話題にするのは、この共振現象は一種の周波数フィルターとして作用するということだ。つまり、いろいろな周波数を含んだ複合音《ふくごうおん》から、単一の周波数を持った純音《じゅんおん》を選り出すことができるのだ。音の時間波形で考えると、複合音の複雑な波形から単純な正弦波《せいげんは》を取り出すことができるということになる。

ブランコをこぐとき、ブランコを大きく揺らすためには、こぐペースを調整する必要がある。せわしなくこいでも、ゆっくり過ぎても、よく動かない。そのかわり、ペースが合えば小さな力で十分だ。これは、ある周波数のこぎ方だけに反応しているからだ。つまり、ある周波数だけを通すフィルターなのだ。

ピアノを調律する音叉《おんさ》のチーンという澄んだ音も、共振によるものだ。多少たたき方が違っても同じ高さの音が得られる。物をたたく力の波形は鋭く切り立ったものになりがちだが、このような波形はさまざまな周波数の成分を含んでいる。このうち、音叉の共振周波数の成分だけが音叉を振動させることに役立ったわけだ。

弦が倍音《ばいおん》でも振動したように、どんな物でもいくつかの共振周波数を持っていて、それぞれの共振周波数でよく振動する。だから、たたいたりはじいた場合にはいろいろな共振が同時に起こるのが普通だ。共振周波数とその共振の度合いは形状や材質で異なる。弦のような単純なもの以外では、共振周波数どうしは正確な倍数関係にないことが多い。こうして楽器それぞれに特有の音色《ねいろ》がするようになる。

共振で周波数成分を調べる

音によって音叉《おんさ》が鳴るとき

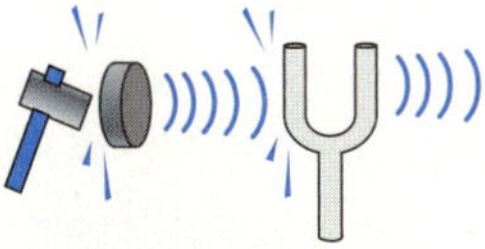

音叉が鳴った場合、その音源の中に、音叉の共振周波数《きょうしんしゅうはすう》の純音《じゅんおん》が含まれていることがわかる。

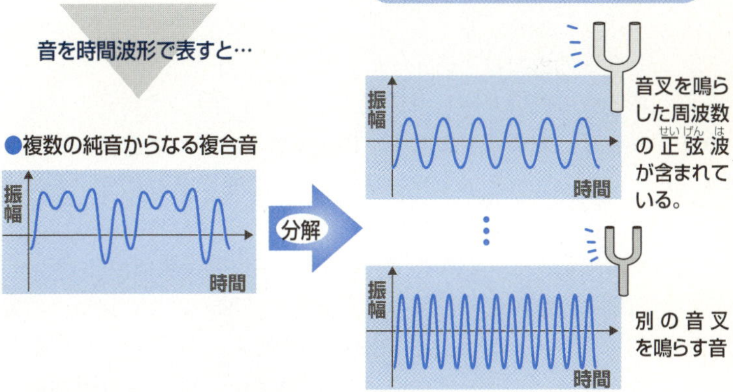

音を時間波形で表すと…
●複数の純音からなる複合音
振幅
時間
分解
振幅
時間
音叉を鳴らした周波数の正《せい》弦《げん》波《は》が含まれている。
振幅
時間
別の音叉を鳴らす音

物をたたいて出た音は…

どんな物体でも、いくつかの共振周波数を持っているので、音がするときは、複数の共振が起きている。

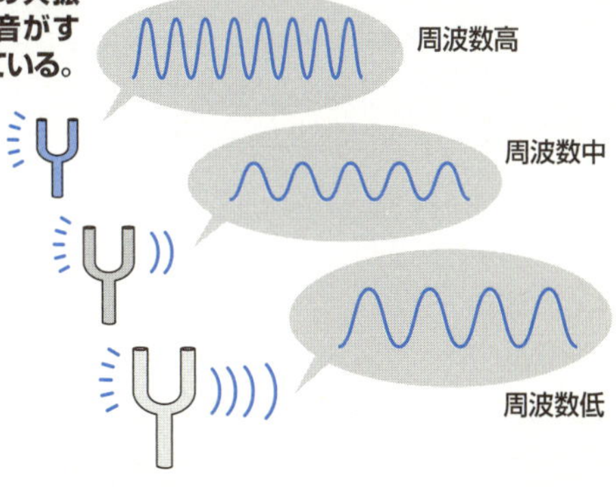

周波数高
周波数中
周波数低

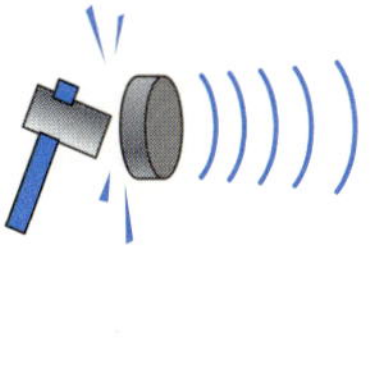

空気の共振

閉じ込められた空気の共振（共鳴）

共振《きょうしん》するのは固体だけではない。容器の中にある空気も共振する。この場合、共振周波数《きょうしんしゅうはすう》は容器の寸法で決まってくる。押さえる穴の位置で笛の音の高さが変わるのも、パイプオルガンが長さの違う管をたくさん持っているのも、管に閉じ込められた空気の共振現象を使って、ある高さの音だけを選んで出しているためだ。

例えば、片方の口が閉じた管に、いろいろな周波数成分《しゅうはすうせいぶん》の混じった音を入れることを考えてみよう。開いた口から入った音は、閉じた口と開いた口との間で反射を繰り返す。このとき、入り口で、入る音を強めるタイミングになる音だけが共振するというわけだ。

閉じた口は動かない壁なので、ここでは空気は振動《しんどう》できない。一方、開いた口では空気は自由に動ける。結果的に図のような空気の振動パターンだけが強く起こる。管の長さが波長の$\frac{1}{4}$、$\frac{3}{4}$、$\frac{5}{4}$……になる音だけが強調されるのだ。つまり、空気の共振にも倍音《ばいおん》での共振が存在する。

ジュースの空きビンに息を吹き込んで「ボーッ」という音を出して遊んだことがあるだろう。息が勢いよく吹き込まれて発生するいろいろな高さの音のうち、一部がビンに閉じ込められた空気の共振で強く鳴るのだ。小さなビンほど高い音が出る。

また、口笛も口の中の空洞が共振して「ピーッ」という音を出す。唇が震えるから音が出ると思いがちであるが、実際には、気流の乱れによる音（→カルマン渦《うず》）が、口の中の空気と共振しているのだ。舌の位置を変えてみよう。口の中の体積が変化して、音の高さが変わるだろう。口から勢いよく息を吐き出す「シュー」という気流の流れによる複雑な音から共振で澄んだ音を取り出しているわけだ。

閉じ込められた空気の共振

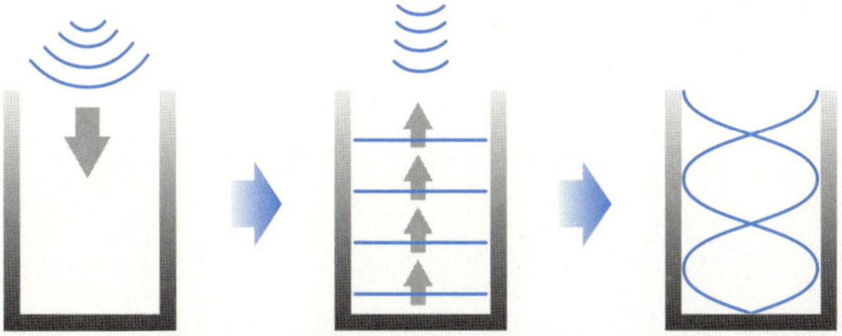

片方が閉じた管に音が入る。

管の中で音が反射する。

入る音を強める音だけが共振（共鳴）する。

共振のパターン

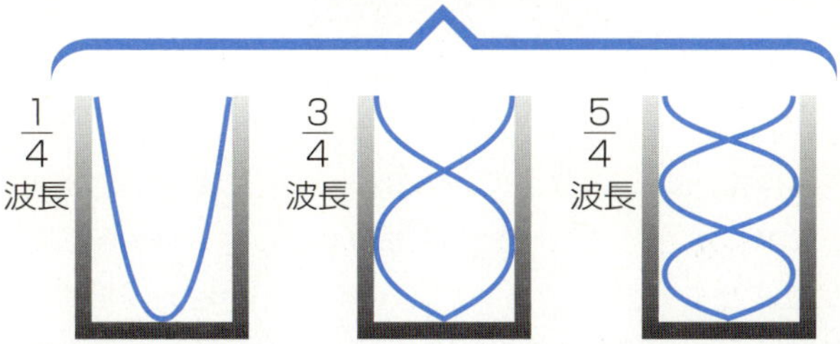

管の長さが、波長の $\frac{1}{4}$、$\frac{3}{4}$、$\frac{5}{4}$ …のパターンの共振だけが起こる。

水琴窟

水琴窟《すいきんくつ》は、共鳴を利用した造園技術である。
土の中に瓶《かめ》を埋め、上から水が落ちるようにする。水滴が瓶の中にたまっている水面に当たって出る「ポチャン」という音が、共鳴によって「チン」という音になる。

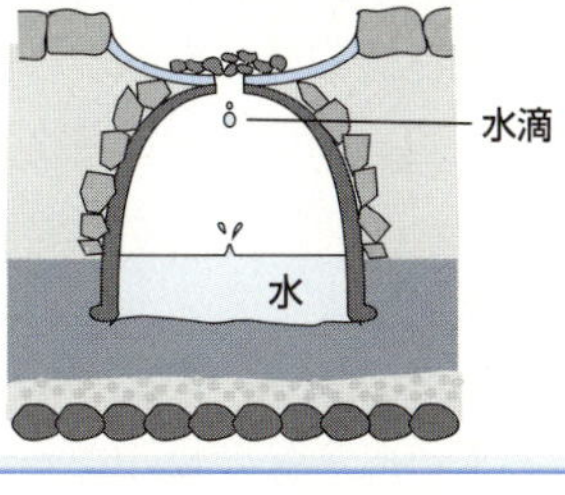

ヘルムホルツの共鳴器

周波数分析と共振

ヘルムホルツは19世紀ドイツの生理学者、物理学者で、音響学にも功績を残している。その名がついたのがヘルムホルツの共鳴《きょうめい》器《き》だ。これは丸みを帯びたビンのような形をしたもので、口がついており、中が空洞になっている。このような空洞容器がある周波数《しゅうはすう》で共振《きょうしん》して、その周波数の音だけで鳴ることは前の項目で述べた通りだ。ジュースのビンに口をあてて音を鳴らすのと原理はまったく同じだが、今日のようなエレクトロニクス技術がない時代に、この原理を測定器として利用したのがヘルムホルツの共鳴器なのだ。

共振周波数は空洞の体積（入り口も含めて）で決まるので、いろいろな大きさのものをそろえておく。複合音を吹き込むと、共振によってある高さの音だけが強調されて鳴るので、その高さの音がその複合音に含まれていることがわかる。このようにして、昔の研究者は、どのような周波数の音が含まれているかという周波数分析を行ったのだ。今日では、スペクトラムアナライザーという装置の画面に一瞬のうちに周波数分析結果が描かれ、これが動画像として、時々刻々変化する周波数成分を表示する。

共振現象はある特定の周波数にのみ反応すると述べてきたが、ほんの少し周波数がずれたらだめなのだろうか。理想的な共振ではそうなのだが、現実に存在する共振では、少し周波数がずれてもそれなりに応答する。応答する周波数範囲が狭いほど良い共振で、その狭さを測る尺度を「Q値」と言って、共振のよさを示す。これは、振動（音）の大きさが共振点の$\frac{1}{\sqrt{2}}$になる周波数の幅で共振周波数を割ったもので計算する。お寺の鐘のゴ～ンという響きからわかるように、共振現象は衝撃に対して尾を引くが、Q値が高いほどその継続時間が長い。

共 鳴 器

現代では周《しゅう》波《は》数《すう》分《ぶん》析《せき》装《そう》置《ち》を使ってスペクトルを求めているが、エレクトロニクス技術やコンピューターが無かった時代は、共《きょう》鳴《めい》器《き》を使って、周《しゅう》波《は》数《すう》分《ぶん》布《ぷ》を測定していた。

ヘルムホルツの共鳴器

それぞれの共鳴器は、特定の周波数で共鳴（共振）するようにできている。

●使用方法

共鳴器の先端を耳に入れて音を吹き込む。
共鳴する音が聞こえた場合、音源にその周波数の音が含まれている。

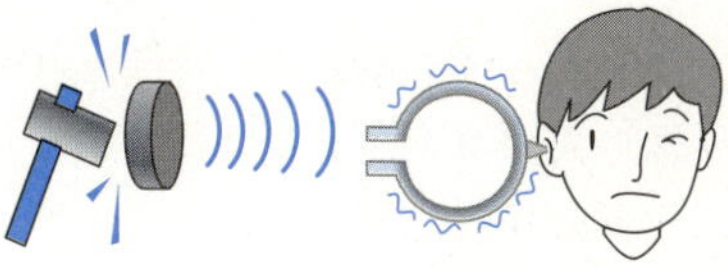

スケール式の共鳴器

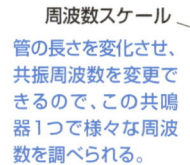

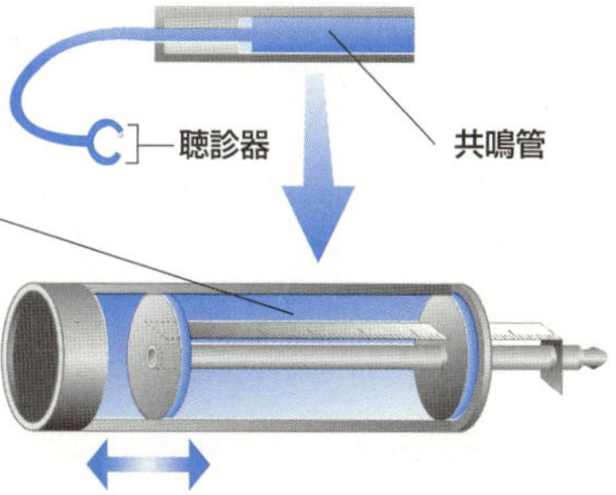

管の長さを変化させ、共振周波数を変更できるので、この共鳴器1つで様々な周波数を調べられる。

音色の秘密

単なる音と音色との違い

「音色《ねいろ》」というのは、ある意味ではあいまいな言葉であるが、一言で言うと、人間が音を聞いた場合の印象そのものということになる。ただし、いつでもどこでも誰にでも、ある程度の共通性をもった認識でないと困る。この音色を表す言葉として、「輝き」だとか「明るさ」のようないくつかの単語が使われるが、これらは心理的な面を表しているので、物理現象との関連はまた別のレベルの問題だ。ここでは、物理現象に近い側面を考えてみよう。

「ザー」という雑音にはもちろん音色を感じないが、かといって、「ピー」という純音《じゅんおん》も音色というにはあまりに味気なさすぎる。もっとも、音の大きさや高さも音を決める要素であり、純音は周波数《しゅうはすう》と大きさが決まっているので、音色を考えることはできるはずだ。

普通、人間が音色を意識するのは、倍音《ばいおん》を含む楽器などの音だ。その音が倍音を含む度合によって、異なった音色に感じていることが多い。つまり、基音《きおん》が同じ周波数でも、2倍音や3倍音の含まれる割合が違うと違う音色に感じる。楽器によっては、倍音の周波数が正確な整数倍からずれており、そのずれ具合も音色に影響を与える。また、楽器や自然の音の場合、基音の大きさも刻々と変化するし、倍音の大きさも変化する。3倍音は早くなくなってしまうのに、基音と2倍音は長く残って響くというような時間変化も音の印象に影響を与える。

また、音色の話からは少し脱線するが、あまりに正確で安定した音は人間には快く聞こえないという。「ゆらぎ」といわれる、ある程度のあいまいさや不安定さがあるほうが聞いていて落ち着くようだ。そのために、電子楽器などではわざと音にゆらぎを与えて自然な印象をつくり出している場合もある。

音色は音の感じ方のひとつ

音色と心理

「音色」は、一般的に人が音を聞いた印象で表現される。
音色を感じない
雑音
ザー
音色を感じる

音色を決めるもの

楽器の音には、それぞれ固有の音色があるが、それを決めているのは、その楽器に固有の倍音成分である。

●バイオリンの周波数特性

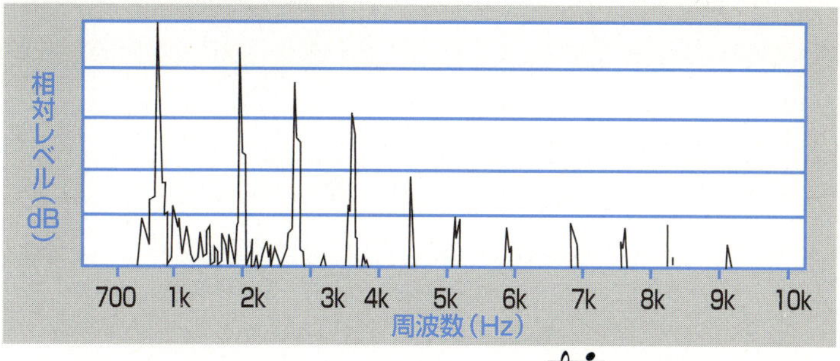

相対レベル(dB)
700
1k
2k
3k
4k
5k
6k
7k
8k
9k
10k
周波数(Hz)

このグラフは、バイオリンが880Hzの音（）を弾いたときの周波数成分を示したもの。弾かれた音の整数倍の周波数（倍音）近辺の成分が多く含まれていることがわかる。

ド・レ・ミ・ファ・ソ・ラ・シ・ドの決め方

1オクターブの割り振りかた

ピアノの鍵盤では、「ド」から「シ」まで、7つの白いキーと5つの黒いキーがあり、合わせて12の音を出せる。「ド・レ・ミ・ファ・ソ・ラ・シ」は7つの白いキーに割り振られている。この「ド・レ・ミ・ファ…」という音階はどのように決められているのだろうか？

ピアノの音も、基音《きおん》と多くの倍音《ばいおん》から成る複合音《ふくごうおん》であるが、「ド」と次の「ド」の音では基音の周波数《しゅうはすう》が2倍違う。これが「1オクターブ」であり、「8度」の音程と言う。高い「ド」では倍音もすべて2倍になっている。この2倍の周波数幅をどのように分割して「ド・レ・ミ・ファ……」に割り振るかを「音律《おんりつ》」と言う。

実は、時代によってこの割り振りかたはいろいろと変化してきた。その時代の音楽や演奏のスタイルによって、使う音の組み合せが異なるが、その組み合せで快い響きを生じるような音律でなければならないからだ。

古くは、例えば、「ソ」は「ド」の$\frac{3}{2}$倍としていた。これが「5度」の音程である。あるいは、「ミ」は「ド」の$\frac{5}{4}$倍で、この間には黒鍵が2つある。これが「長3度」だ。きれいな比率になっていることがわかる。「純正調《じゅんせいちょう》」と言われているものだ。

一方、現代では、2倍の周波数差をきっちり12等分して割り振っている。これは、「純正調」に対して「平均律《へいきんりつ》」と言う。この場合、「ド」の高さを1とすると、「レ」は1.122、「ミ」は1.260、「ファ」は1.335、「ソ」は1.498、「ラ」は1.682、「シ」は1.887になる。ちょっとはんぱな数値に感じるが、電卓を出して、計算してみよう。「ミ」の1.260割る「レ」の1.122は1.122で、「ド」と「レ」の比率とちゃんと同じになっている。

音階と音律

ピアノの鍵盤《けんばん》と音階

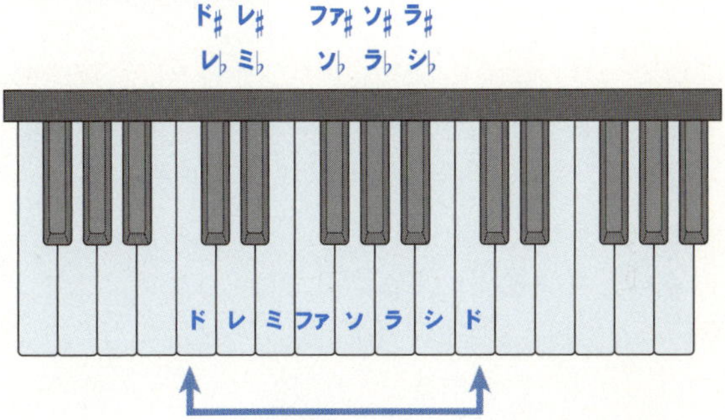

1オクターブ = 8度の音程 = 2倍の周波数

1オクターブの中には、7つの白鍵《はっけん》と5つの黒鍵《こっけん》の合わせて12の音があり、隣り合った鍵盤同士は、それぞれ「半音」の関係になる。これに対して、黒鍵をはさんだ白鍵同士の関係は2つの半音からなり、「全音」と言う。

純正調と平均率

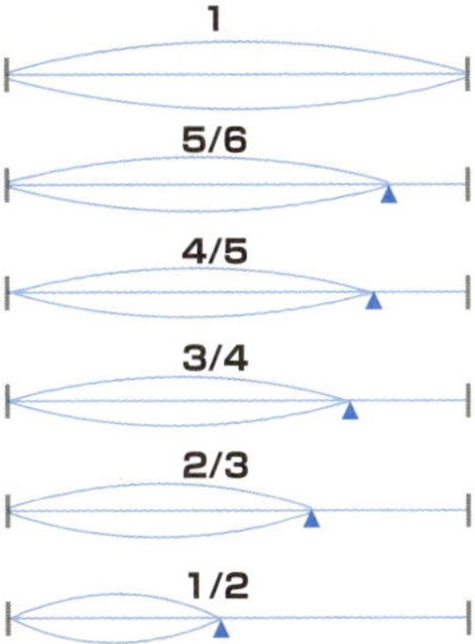

長さ	音階	半音の数	純正調	平均率
1	ド	―	1.0	1.000
$\frac{5}{6}$	ミ♭	3	1.2	1.189
$\frac{4}{5}$	ミ	4	1.25	1.260
$\frac{3}{4}$	ファ	5	1.33	1.335
$\frac{2}{3}$	ソ	7	1.5	1.498
$\frac{1}{2}$	ド	12	2.0	2.000

和音て何だろう?

和音と音律

ピアノのいくつかの鍵盤を同時にたたいたときに、よい響きがする組み合わせと、荒々しい不快な響きがする組み合わせがある。前者を「協和音《きょうわおん》」、後者を「不協和音《ふきょうわおん》」と呼ぶのが一般的だ。

例えば「ド・ミ・ソ」とたたいてみよう。これら3つの音の高さの比は、前に述べた古い音律(純正調)ではちょうど4:5:6になっている。「ド」の倍音は8, 12, 16, 20……であり、「ミ」の倍音は10, 15, 20……、「ソ」の倍音は12, 18, 24だ。倍音《ばいおん》のいくつかが同じ周波数《しゅうはすう》になっていることがわかる。

例えば、「ド」の2番目の倍音と「ソ」の最初の倍音は同じ12だ。一方、「ミ」の最初の倍音10は一致するものがないが、「ド」の最初の倍音8と2番目の倍音(「ソ」の最初の倍音でもある)である12との中間にある。

このような、倍音どうしの一致のしかた、ずれぐあいが人間の耳に快く響くかどうかを決めている。前に述べたように、周波数がわずかにずれた音どうしは干渉《かんしょう》してうなり(ビート)を生じる。この2つの周波数の差がやや大きくなると、人間は粗い音色《ねいろ》に感ずる。もっと周波数が離れてしまえば、2つの別の音として認識されて、なめらかな印象をうける。このあたりに「和音」の秘密がある。

4:5:6の純正調では、上で述べたようにぴったり倍音が合うので、うなりや粗さがない純粋な感じをうける。一方、今日楽器の調律などで一般に使われている音律(平均律《へいきんりつ》)では、1オクターブを均等に割り振っているために4.00:5.04:5.99という、整数比から少しずれた周波数比となっている。したがって、完全な協和音と比べると、ちょっとうなりのある純粋でない響きになっている。

和　音

複数の音が同時に鳴ったとき、心地よく感じられる組み合わせがある。これを和音と言う。

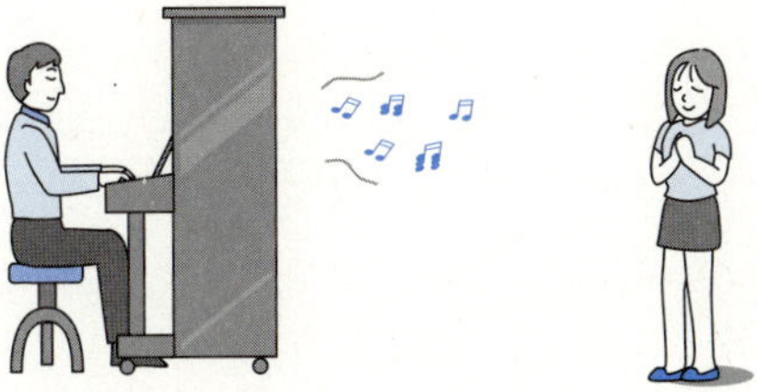

和音のしくみ

●和音「ド・ミ・ソ」の純正調での比率

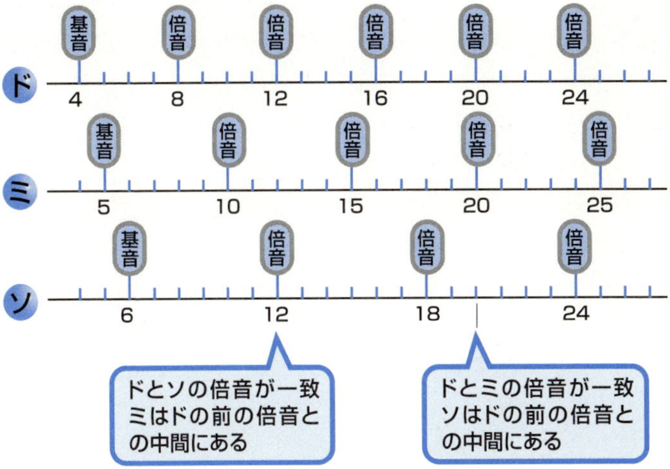

ド
基音
倍音
倍音
倍音
倍音
倍音
4
8
12
16
20
24
ミ
基音
倍音
倍音
倍音
倍音
5
10
15
20
25
ソ
基音
倍音
倍音
倍音
6
12
18
24
ドとソの倍音が一致
ミはドの前の倍音との中間にある
ドとミの倍音が一致
ソはドの前の倍音との中間にある

倍音どうしの一致、ずれから起こる「うなり」が人にここちよいとき、「和音」となる。

音の高さとオクターブ

音のらせん構造

「ドレミファソラシド」にも何種類もの高さがある。大型のピアノをみれば、「ドレミファソラシ」が高さを変えて何度も繰り返すことがわかるだろう。ドの音と次のドの音では、周波数《しゅうはすう》でいうと2倍高さが違う。2倍高さが違うことを「オクターブ」と言う。つまり、ドから次のドまでで1オクターブ音程が上がるわけだ。

1オクターブ上の音は、2倍も高さが違うのに何か共通点を感じる。ドレミファソラシドで一周したような気がするが、高さは1オクターブ上がっている。このことを、図のようならせん構造で表してみよう。ぐるぐる回りながらも上へ登ってゆくというわけだ。実際、人間の知覚構造もこのようならせんになっているという。

こうしたことから、1オクターブ間違えるといったことはまま起きることなのだ、と言ったら音痴のいいわけになるだろうか。

楽器などの音は基音《きおん》の整数倍の周波数の音が混じった複合音であるが、1オクターブ上の音はもとの音の2倍音が基音になっていることになる。逆に言うと、1オクターブ下の音は1オクターブ上の音の周波数成分をすべて含んでいるわけだ。このあたりに音階を認識する構造の秘密があるが、単純なしくみではない。

また、これに関連して、「無限音階音」という手品のような音階が作られている。何度も音階を上げていっても無限に続く音階だ。らせん階段を登ってゆくと、またはじめの高さになっているというからくりの絵をどこかで目にしたことがあるだろう。これの音楽版と言ったところだろうか。無限音階音のスペクトルは中域の倍音《ばいおん》が強くなっている。音の高さの感覚は基音で決まるが、これよりも強い中域の倍音に幻惑されて、音階の高低を錯覚するのだ。

音のらせん構造

音のらせん

音階の1周りの幅を1オクターブという。例えば、「ド」の音から1オクターブ上の「ド」の音は、周波数でいうと、2倍高い音である。

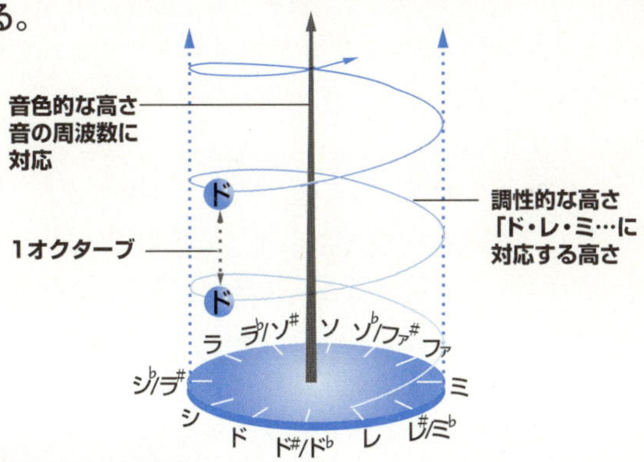

音色的な高さ
音の周波数に
対応
調性的な高さ
「ド・レ・ミ…に
対応する高さ
1オクターブ
ド
ド
ラ
ラ♭/ソ♯
ソ
ソ♭/ファ♯
ファ
シ♭/ラ♯
ミ
シ
ド
ド♯/ド♭
レ
レ♯/ミ♭

無限音階のしくみ

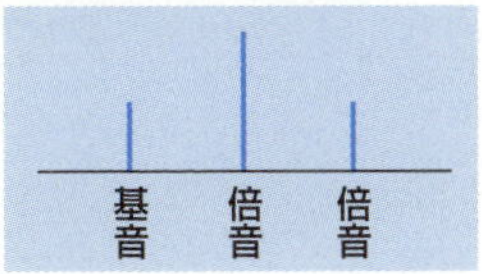

基音
倍音
倍音

無限音階音のスペクトルをみると、基音より、倍音が強くなっている。

●無限音階音（A）のスペクトル

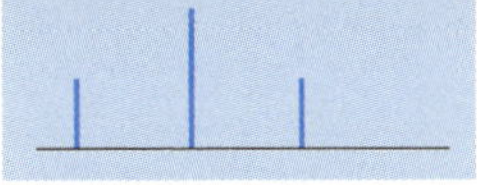

（A）と（B）を比較すると、（A）より（B）のほうが高い音だが、（B）の基音より（A）の倍音のほうが、周波数が高く、強い。

●無限音階音（B）のスペクトル

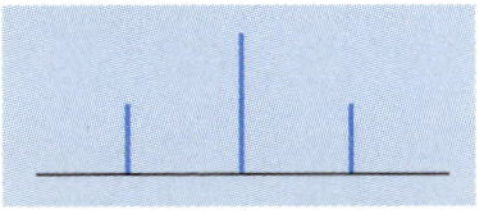

（B）に続けて（A）を聞くと、（B）より（A）のほうが、高い音に聞こえてしまう。

バイオリンが音を出すしくみ

弦楽器の音

バイオリンは弦を弓でこすって演奏する。こすられることで弦に生じた振動《しんどう》が胴《どう》で共振《きょうしん》して大きな音が発生する。ギターでは、弦をはじいているのだが、どうしてバイオリンの弦はこすることで振動するのだろうか。

これには、弦と弓の摩擦と弦の延び縮みが関係する。

弓を押し付けて引くと、摩擦力によって弦も引っ張られて延びる。さらに引っ張られると、弦がもとに戻ろうとする力が摩擦力にうち勝って、弦は一気に滑ってもとに戻る。すると、弦はまた弓に引っ張られて延びてゆく。このような動作を繰り返すことで、弦が振動するのだ。バイオリンの名器はたいへん高額であるが、本体もさることながら弓に高い値段がついているのも、弓が大切な役割を果たすからだ。

このような摩擦による音を「スティック・スリップ音」と言う。ガラスを引っ掻く音も、自動車のタイヤがきしむ音も同じ原因で発生する。

しかし、弓と弦だけではバイオリンの音にはならない。だいたいどの弦楽器でも、弦を支える「こま」があるが、これが弦の振動を胴に伝える役割をになっている。胴はいくつかの共振周波数を持っていて、弦の振動周波数によって胴の振動モードも異なってくる。音によって胴のよく振動する場所が変わるわけだ。

また、胴の内側は空洞になっているが、ここに入っている空気の共振もバイオリンの音に影響を与える。弦の振動、胴の振動、胴の中の空気の共振は相互に影響し合うので複雑だ。もっと言えば、バイオリンを支える奏者にも振動が伝わるし、バイオリンから出た音の一部は奏者の体で反射、吸収されるので、奏者も楽器の一部と言える。

バイオリンと音

スティック・スリップ音

弓を押し付けて引くと、摩擦力によって弦が引っ張られ、また元に戻る。

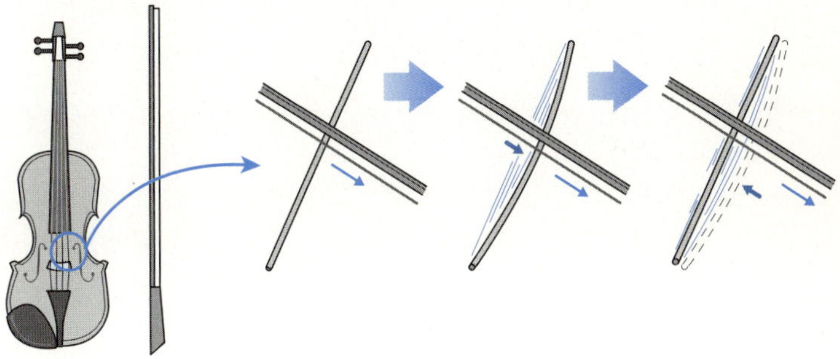

胴の振動と共振

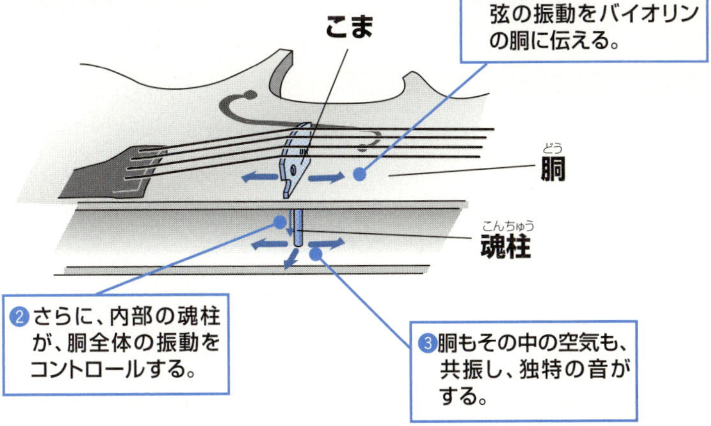

❶弦を支える「こま」が、弦の振動をバイオリンの胴に伝える。
こま
胴《どう》
魂柱《こんちゅう》
❷さらに、内部の魂柱が、胴全体の振動をコントロールする。
❸胴もその中の空気も、共振し、独特の音がする。

管楽器のしくみ①

笛の音とノズル

笛のように息を吹き入れて鳴らす楽器は多い。また、オルガンやアコーディオンのように「ふいご」やポンプで空気を送り込んでいる楽器もたくさんある。連続的な空気の流れから、どうやって空気の振動《しんどう》である音が生じているのだろうか。また、どうやっていろいろな音《ね》色《いろ》が出てくるのだろう。

例えば小学校で習ったたて笛をみてみよう。たて笛には息を吹き込む口と、その息が噴出するノズルがある。ノズルから勢いよく吹き出た空気は、その5ミリメートルほど先の縁（エッジ）にぶつかる。この縁の断面は鋭角の三角形である。まずこれだけで、誰でも息を吹き込めばピーという音がする。

一方、尺八などでは誰でもすぐに音が出るというわけではない。この差は、楽器にノズルが組み込まれているかどうかによる。たて笛ではノズルがキッチリとできあがっているのに対して、フルートや尺八では自分の唇をノズルとして、ノズルと息を吹きつける鋭い縁までの距離も自分で調節しなければならないから鳴らすのに訓練が必要だ。

このように、音を出すにはノズルの形状、縁との距離の微妙な調節が必要なのだ。ノズルから勢いよく噴出する気流は、スプレー缶と同じシューという音を出す。これは、ノズルから吹き出る気流は行儀よく流れずに、乱れた渦流となるからだ。

おけの水の中にホースから勢いよく水を注ぐと、渦ができたり消えたりしているのを目にするのと同じことだ。ノズルから噴出する空気はいろいろな周波数を含んだシューという音となる。吹き出す空気の流速を速くするほど高い周波数の成分が増える（→「カルマン渦《うず》」52ページ参照）。

たて笛とフルートの音

ノズルとエッジ

たて笛やフルートのように息を吹き込んで鳴らす楽器は、どのようなしくみで音が出ているのだろうか。

●たて笛の吹口の断面

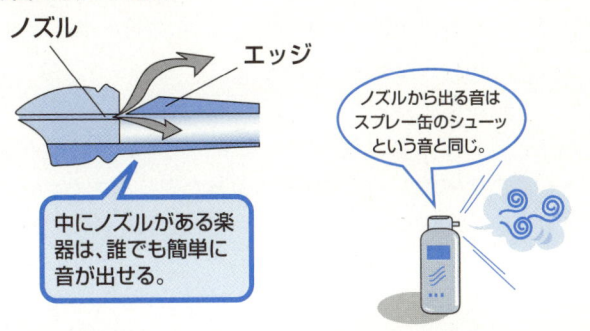

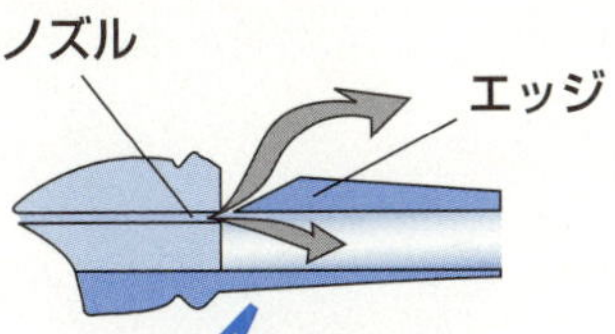
ノズル
エッジ

中にノズルがある楽器は、誰でも簡単に音が出せる。

ノズルから出る音はスプレー缶のシューッという音と同じ。

●フルートの吹き口

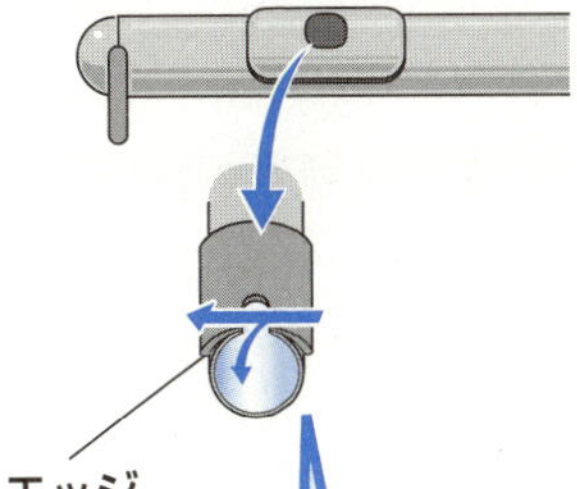
エッジ

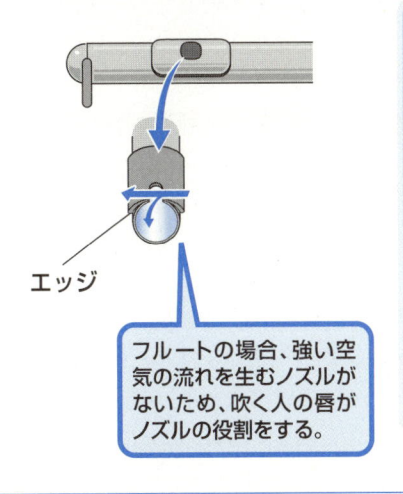

フルートの場合、強い空気の流れを生むノズルがないため、吹く人の唇がノズルの役割をする。

エッジトーン

ノズルから出た気流がエッジに当たる。エッジによって生じた空気の渦のバタつきが、管の中の空気を共振させて音を出す（108ページ参照）。

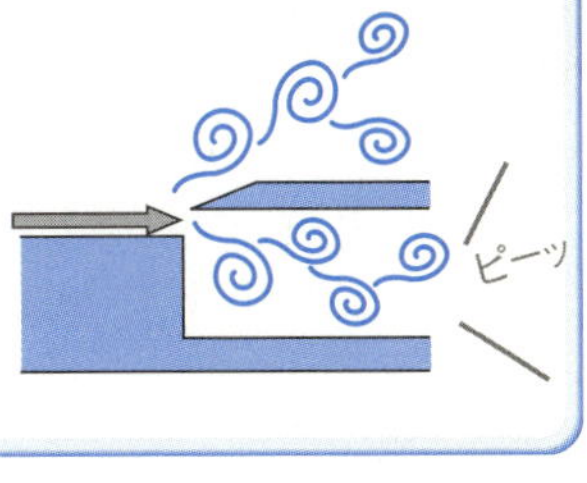
ピーッ

管楽器のしくみ②

エッジトーンとキャビティー・トーン

ノズルから吹き出した空気が鋭い縁にぶつかると、次々に生じる渦が、縁の上と下に互い違いにバタバタと分かれながら流れる。こうした流れのバタつきが「ピー」音のもとだ。この音の高さは流れの速さ、ノズルの形、ノズルと縁との距離によって変化する。縁（エッジ）にぶつかって鳴る音なので、「エッジトーン」と呼ばれる。

しかし、このピー音は純音《じゅんおん》ではなく、いろいろな周波《しゅうは》数成分《すうせいぶん》を持っている。この中から、必要な高さの音を取り出すのが、穴のあいた筒の部分だ。指で穴を押さえることで共振《きょうしん》周波《しゅうは》数《すう》が変わるのだ。また、この共振《きょうしん》によって強められた音が、音を出している縁へ伝わって、そこでの気流のバタつきをさらに大きくして出る音が「キャビティー・トーン」だ。結果が原因に影響を与えているというわけだ。

以上のような楽器や口笛は気流が音を出していて、何かが振動して音が出ているわけではない。このような振動する部品のない楽器と違い、振動するリードがついているのが、ハーモニカのような楽器だ。こうした楽器では、乱れた気流で薄い膜や板が振動する。セロハン紙を吹いてブーという音を出すのもこれだ。草笛、ほおずきを鳴らすのも同じだ。このとき、気流の乱れとリードの振動が互いに影響し合っている。管や筒の部分の共振がその音を大きくしたり、音色《ねいろ》を定めたりしているのは、前の例と同じだ。

空気の流れにより発生する音は、以上のように複雑なメカニズムを持っていて、微妙なバランスによって鳴っているので、音を出すまでに苦労する楽器も多い。一方、風で電線が鳴ったり、高速道路では風切り音で車内がうるさくなったり、出したくないのに出ることがある音もこうした空気の流れによる音だ。

笛の音程を決めるもの

笛の音程を決める共振《きょうしん》

笛の音程（周波数《しゅうはすう》）は、指でおさえた穴をあけることで高くなる。

●筒の共振周波数

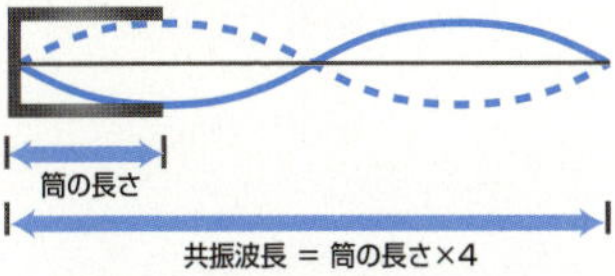

片側が閉じた筒の共振波長は、筒の長さの4倍である。例えば、10cmの筒の共振周波数は、波長との関係に従って、次のようになる。

340［音速］（m/秒）÷（0.1×4［波長］）（m）＝850［周波数］（Hz）

つまり、筒の穴を開放することで、共振する筒の長さを変えていくのである。
長い筒を持った管楽器が低い音を出すのはそのためだ。

ハーモニカはリードの振動で音が出る

ハーモニカは、薄いリードが振動して音が出る。音の高さ（周波数）はリードの長さによって決まる。セロハン紙や草笛、ほおずきなどが鳴るのも、それらがリードの役割をしているため。

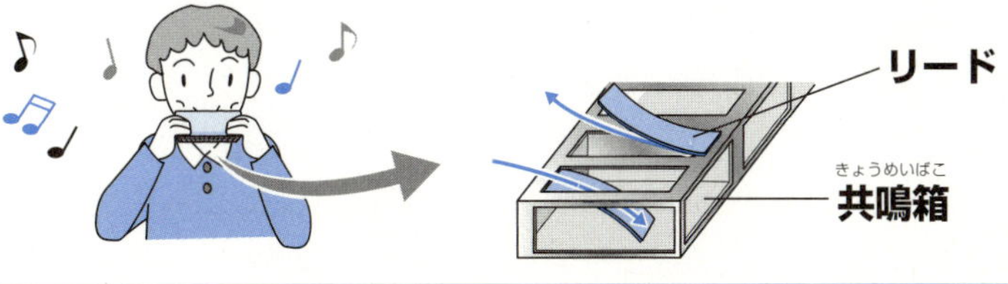

音の加工

トーン・コントロール

ステレオ装置などに「トーン・コントロール」というつまみが付いていることがある。これは音の色づけを調整するつまみである。

すでに述べたように、実際の音はいろいろな周波数《しゅうはすう》の音の集合体であるが、このつまみによって、高音部を強調するか、低音部を強調するかを設定するのだ。機種によっては、高音用のつまみと低音用のつまみとに分かれている。あるいは、いろいろな音域の音を細分化して調整できる贅沢なものもある。

このつまみは、周波数やピッチを変化させているのではなく、基音《きおん》とたくさんの倍音《ばいおん》の強さの「比率」を変化させることで、音の色合いを変えているのである。ピッチや周波数を変化させたら、聞こえてくる音楽の音程まで変わってしまう。

音響装置はもとの音を忠実に再現するのが本来の役割であるが、部屋の条件（反射、吸音など）で、音の周波数成分が変わってしまう。それを補正するのがトーン・コントロールの本来の使い方だろう。しかし、アナウンスの声がこもって聞き取りにくいようなときに高音を強調してみると、歯切れのよい聞き取りやすい音になる、という使い方もできる。

これに対して、テープレコーダで録音した声を早回しで再生すると、甲高い声になってしまう。これも、音の加工方法のひとつだが、これは、基音、倍音の周波数をみな同じ倍率で変化させてしまっているわけで、音のピッチを変化させていることになる。

最近ビデオ機器などでは、画面を早回しにしても声のピッチを変化させないように、無音部分をとばして有音部分を普通の速さで再生させる早回しも実現されている。

トーン・コントロールによる音の加工

トーン・コントロール ― 音の色づけ

トーン・コントロールを使用すると、原音の周《しゅう》波《は》数《すう》分布の高音部、低音部の強弱を調整できる。このとき、周波数やピッチは変化しない。

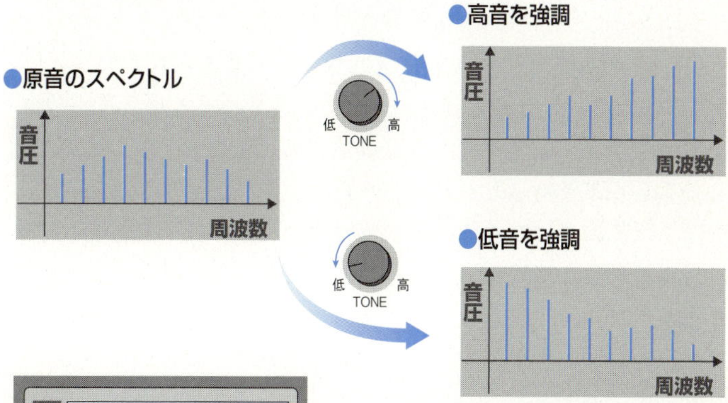
●高音を強調
●原音のスペクトル
音圧
周波数
低
高
TONE
音圧
周波数
●低音を強調
低
高
TONE
音圧
周波数

ステレオに付属している
グラフィックイコライザーは、周波
数分布をグラフ表示しており、指定
した周波数の強弱を調整できる。

テープレコーダーの早回し

テープレコーダーを早回しすると声が甲高くなるのは、基音と倍音の周波数を、同じ倍率で変化させているため。

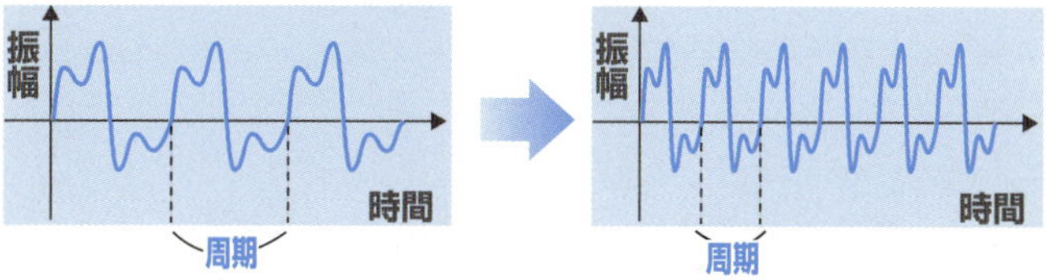
振幅
時間
周期
振幅
時間
周期

周波数の変化 ＝ 音のピッチの変化

音の合成

シンセサイザーで音をつくる

どんな音でもいろいろな周波数の音の集合体であることを述べたが、それならば、いろいろな周波数の音を集めて好きな音がつくれるのではないだろうか。そんな発想に基づいて開発されたのが、「シンセサイザー」だ。「シンセサイズ」とは「合成する」という意味である。

シンセサイザーは、いろいろな周波数の正弦波を任意の比率で足し合わせるしくみを持っている。もちろん、空気の振動である音の状態で操作されるのではなく、いろいろな音を出す多数の発振器とそれらを足し合わせる加算器から成る電子回路によって、電気信号として操作されるのだ。実際にはデジタル信号とデジタル回路で処理されることが多いのは言うまでもない。このような、足し算型のシンセサイザーに対して、引き算型のシンセサイザーもある。これは、雑音のようないろいろな周波数成分を含む信号をはじめにつくっておいて、そこから不要な周波数成分をフィルターによって捨てるという方法だ。

ところが、最近のシンセサイザーではこうした足し算、引き算の方法は用いられないことが多い。半導体の進歩で、非常に大量の電気信号をためておくことができるようになったため、さまざまな音をデジタルデータとして整理してためておいて、必要に応じて好きな音を読み出してくるしくみが使われている。こうなると、「シンセサイザー」というより、「音の資料室十組み合わせ器」といった感じだ。こうしてつくった音を、自然な音にするためには、いくつかの工夫がいる。例えば、適当に音を揺らしたり、倍音を少しだけずらしたりする。

音の合成は電子楽器だけではなく、人の声についても行われている。道路交通情報などでは切り貼り型の合成音声を使用しているが、十分に満足できるほど自然な声をつくるのはやさしくないようだ。

シンセサイザーによる音の合成

音の合成

いろいろな周《しゅう》波《は》数《すう》の音から、自由に音をつくり出す

●加算合成方式 ＝ 複数の周波数の音を、任意の割合で組み合わせる

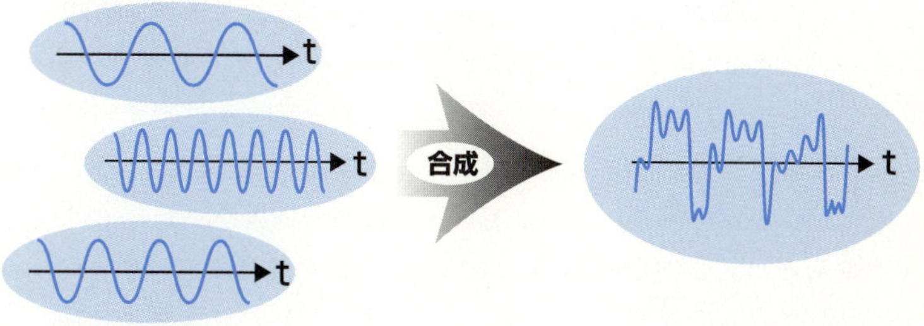

複数の周波数の異なった正弦波

任意に組み合わせた音

●減算合成方式 ＝ 多くの成分を含んだ音から、フィルターで不要な成分を捨てる。

さまざまな周波数成分を含んだ音（白色雑音）

不要な成分を取り除いた音

サンプリング方式

半導体の進歩で可能になった方式。さまざまな楽器の音を集めたデータバンクから、必要な音を取り出し加工する。

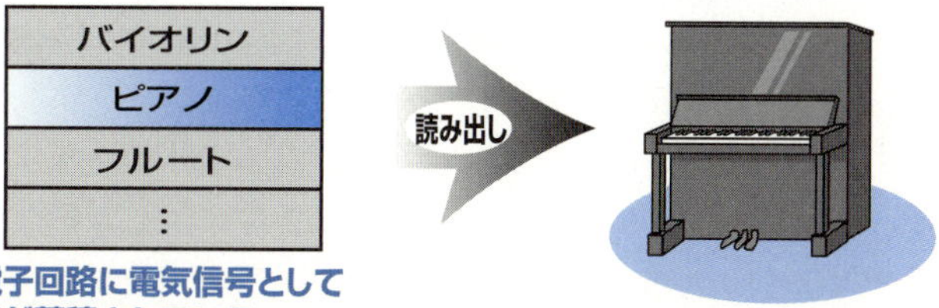

電子回路に電気信号として音が蓄積されている

室内の音の伝搬

直接音と反射音

コンサートを、原っぱの真ん中で開くのと屋内のホールで開くのとでは、何が違うだろう？　屋外では音が響かないし、音量が不足する。また、屋内でも会議や講演をするのに、声の聞き取りやすい部屋とそうでない部屋とがある。室内は壁に囲まれていることによって、音の反射や吸収が起こる。これが屋外とは違った効果をもたらすのだ。

壁のない広い屋外では音は球面《きゅうめん》波《は》として四方八方に広がるので、距離が離れるに従って、音の強さ（エネルギー）は距離の2乗に反比例して減ってゆく。距離が2倍になれば、音の強さは$\frac{1}{4}$だ。ところが、壁で囲まれた部屋ではどうだろう。音源のそばでは戸外と同じように、距離によって音の強度が下がる。しかし、壁のそばでは、壁からの反射音があるために、場合によっては音源からの距離が離れても音の強度はあまり変わらなくなる。反射音に対して、音源から耳に直接到達する音を「直接音《ちょくせつおん》」と言う。室内では、音源のそばでは直接音が優勢だが、壁のそばでは反射音が支配的なのだ。

室内では音を反射する壁、天井、床の材質が、音に与える影響が大きいことは言うまでもない。コンクリートのような固い壁は音をほとんど100％反射するが、じゅうたんは音をかなり吸収する。音をよく反射する部屋は、いわゆるよく「響く」部屋というわけだ。遠い山からの反射音が「山びこ」だが、反射音と直接音をはっきり区別して聞くことができる。しかし、室内はそんなに広くはないので、反射音は直接音に重なって聞こえる。これが「残響《ざんきょう》」している状態だ。

一方、ある程度広い部屋では、反射音が遅れて到着するので、直接音と区別できることがある。これは残響というより「エコー」と呼ばれ、講演者の話を聞きづらくする。

音の伝搬

音の広がり方の違い

●屋外

音は球面波として四方八方に広がり、遠くへ行くほど小さくなる。

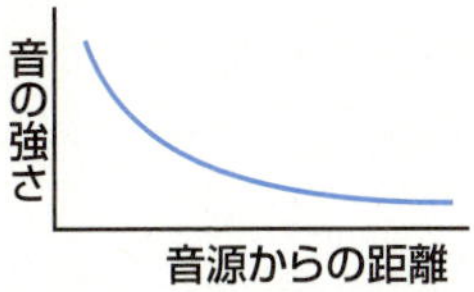

音の強さ
音源からの距離

●屋内

音は広がるが、壁や天井で反射するため、反射音が聞こえる

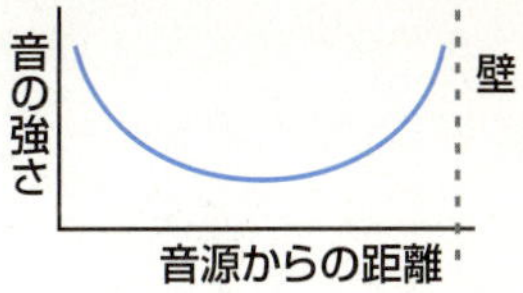

音の強さ
壁
音源からの距離

音を聴かせるための工夫

屋外のホールでは、音が広がらず遠くまで届くような工夫をしている。

残響〜ホールの音響

残響時間とホールの良し悪し

ホールの音の良し悪しは何が決めているのだろうか。

まず、客席で十分な音量が得られなければならないが、もうひとつ重要なのは、残響《ざんきょう》だ。残響は音の「響き」のことだが、音がホール内で反射を繰り返すことで生じる。残響は一度出した音がどれくらいの時間残っているかという「残響時間」で評価する。広い屋外では残響時間0のつまらない音になる。一方、コンクリート壁の地下室では、音が減衰《げんすい》せずに反射を繰り返すので、長い残響をともなった音になる。お風呂の中ではエコーが効いて、上手な歌に聞こえる、という経験があるだろう。適当な残響時間というのがありそうだが、これはホールを何に使うかによって異なる。講演会では残響時間が短いほうが声の歯切れが良く聴き取りやすいが、クラシック音楽ではある程度長くないと物足りなく感じるだろう。また、同じ音楽でも曲目によって好ましい残響時間は異なってくる。したがって、「多目的ホール」というのは、そもそも無理があるわけだが、反射板を移動して残響時間を変えられるようになっていたり、いろいろな工夫がなされている。普通のホールや劇場の残響時間は1〜2秒程度であることが多い。

残響時間は部屋の体積と壁の吸音《きゅうおん》率《りつ》で決まる。適当な残響時間にするためには、壁や天井は適当に反射し、適当に音を吸収する必要がある。斜めの壁や天井、壁のひだや穴は、見た目のデザインでつけているのではないのだ。観客は吸音材とみなせるので、客が入っていないときでも同様な響きが得られるような材質のいすをあつらえる。

今日では、残響時間を計算である程度予測できるようになった。設計段階で「こんな音がするだろう」ということをコンピューターで疑似体験する試みも始まっている。

ホールと残響時間

コンサートホールは残《ざん》響《きょう》が命

コンサートホールは、適当な残響時間になるように設計されている。

●最適な残響時間

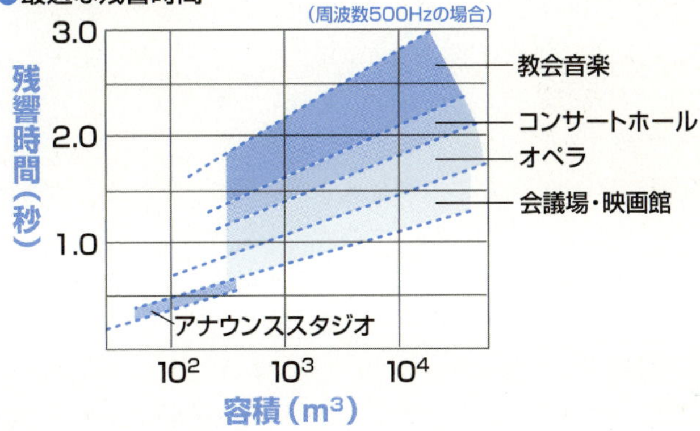

（周波数500Hzの場合）
3.0
2.0
1.0
残響時間（秒）
教会音楽
コンサートホール
オペラ
会議場・映画館
アナウンススタジオ
10^2
10^3
10^4
容積（m³）

残響時間の求めかた

●残響と減衰

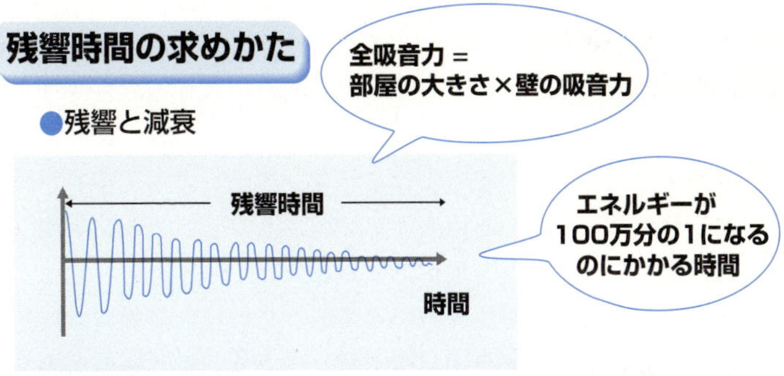

全吸音力 =
部屋の大きさ×壁の吸音力
残響時間
時間
エネルギーが
100万分の1になる
のにかかる時間

残響時間＝0.161×容積率（m³）÷全吸音力（秒）

吸音壁

音を反射しない壁

ホールや劇場、会議室などでは、壁での音の反射量をコントロールして、適当な響きの長さに調節する必要がある。

音を吸収して反射しない壁を「吸音《きゅうおん》壁《へき》」と言う。音を吸うといっても、掃除機のように吸い寄せる能力はなくて、やって来た音をはね返さないものである。そういった意味で、開け放った窓は大変優秀な吸音壁と考えることができる。

吸音壁にはいくつかの種類があるが、いずれもやってきた音波のエネルギーを吸収して最終的には熱に変えるものだ。熱に変えるといっても、相当強い音でもエネルギーはごくわずかな量なので、いくら吸音しても、目に見えて温度が上がるようなことはない。

綿や織物のような繊維やスポンジのように多くの穴のあいた材料は、空気の動きにとって抵抗となるので、吸音特性がある。毛足の長いじゅうたんを敷いた部屋は吸音性が高く、特に高い周波数に対して吸音効果があるが、低い音に対しては効果がない。ホールでは観客の衣服の吸音効果が高い。

また、壁に溝や穴を付けておくと、それが共振《きょうしん》器《き》となって、特定の高さの音に対して高い吸音特性を示す。共振によって空気が激しく振動する際にエネルギーを損失するのだ。しかし、これには使う音の範囲が限定されるという特徴がある。

また、壁の裏に空間を作る方式もある。これは、壁板の共振を使ったもので、裏に損失を起こす材料を付けておく。これも効果のある周波数が共振周波数で決まってくる。

なお、「遮音壁《しゃおんへき》」というのは、音の通過を許さないもので、全て反射させればよいので、「吸音壁」とはずいぶん違うものである。

吸音壁の性質

吸音壁の3つのタイプ

音エネルギーを消費する原理によって、3つのタイプに分類される。

有効な周波数領域

多《た》孔質《こうしつ》型

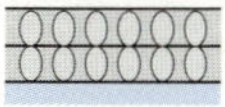

小さな穴がたくさん開いているものは、空気の動きを邪魔する。高音はよく吸収するが、低音にはあまり効果がない。

布・グラスウール・スポンジなど

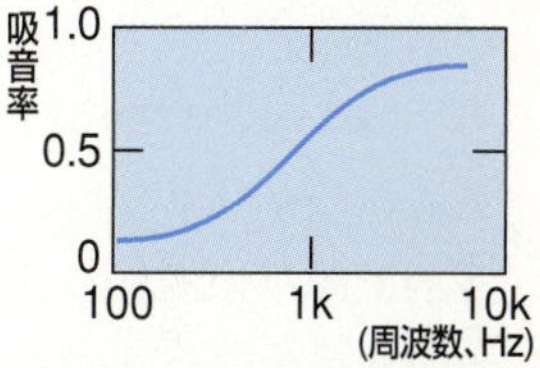

共鳴器《きょうめいき》型

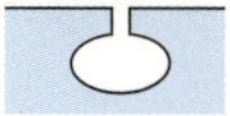

壁に共鳴穴が開いたもので、特定の周波数に共振して吸音する。教室の壁などに使用。

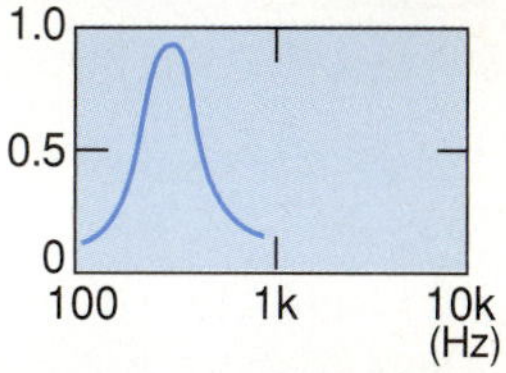

板振動《いたしんどう》型

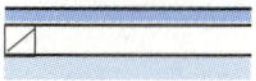

薄くて軽い板を壁の前に少し離して張ることによって、吸音効果がある。ある決まった周波数の音（低音）に板が共振して吸音する。

薄く軽い板

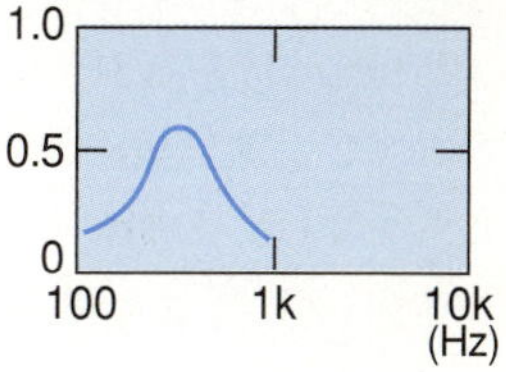

吸音率

開け放した窓は、反射0なので、吸音率は1である。

$$吸音率 = 1 - \frac{Ir}{Ii}$$

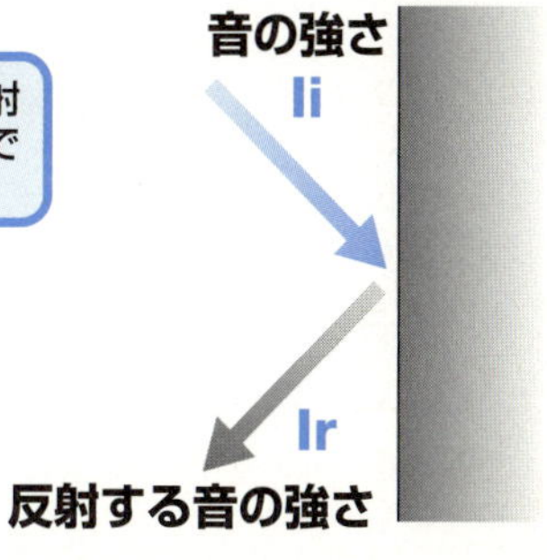

無響室と残響室

デコボコの壁といびつな部屋

無響室《むきょうしつ》というのは、音響機器の性能を調べたりするための反響のない部屋のことだ。天井、壁、床が音を完全に吸収するようになっており、音を吸収する材料で作られた長さが数10cmのくさびが、すべての面にしきつめられている。波長の短い高い音は、くさびのすきまで反射を繰り返すうちに吸収される。波長の長い低い音に対しても、くさび付きの壁は、音響インピーダンス（66ページ参照）が徐々に変化するので、反射が少なくなる。

くさびの長さが長いほど、低い周波数まで吸音するよい無響室だ。床にくさびがしきつめられていては歩けないので、くさびの針の山のうえに金網が張ってある。また、外部から騒音が入り込まないように、吸音材の外側は遮音材《しゃおんざい》で厳重に密閉されている。出入り口のドアも厚さが50cmはあるかというしろものだ。このなかに入ると、自分が音を出さない限り何一つ聞こえない。耳が鳴っているような変なこころもちになり、あまり居心地のよい部屋ではない。

一方、残響室《ざんきょうしつ》は無響室とはまったく反対で、すべての壁、床、天井がコンクリートの打ちっぱなしで音をよく反射する。また、おもしろいのは、壁、床などで互いに平行な面がひとつもないことだ。こうすると、ひとくみの向かいあった壁の間で反射を繰り返すようなことはない。同じ経路を二度とは通らないという音の伝わり方をするので、部屋のどこでも同じ強さで、残響の長い音が得られる。こうした残響室は、吸音材料の性能試験に使われる。一つの壁を試験する材料に置きかえると、音はその壁にぶつかるたびに減衰《げんすい》するので残響時間が短くなる。したがって、残響時間の変化からその材料の吸音率が計算できるのだ。

2つの部屋

無響室《むきょうしつ》と残響室《ざんきょうしつ》

●無響室

音響機器の性能試験に使う

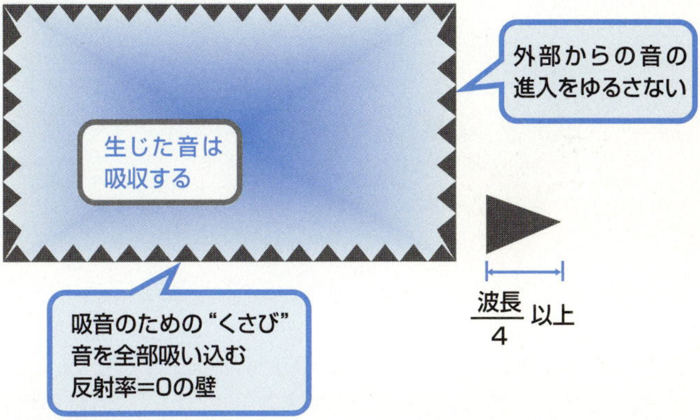

外部からの音の
進入をゆるさない
生じた音は
吸収する
吸音のための"くさび"
音を全部吸い込む
反射率=0の壁
波長/4 以上

●残響室

いびつな形
吸音材料の性能試験に使う

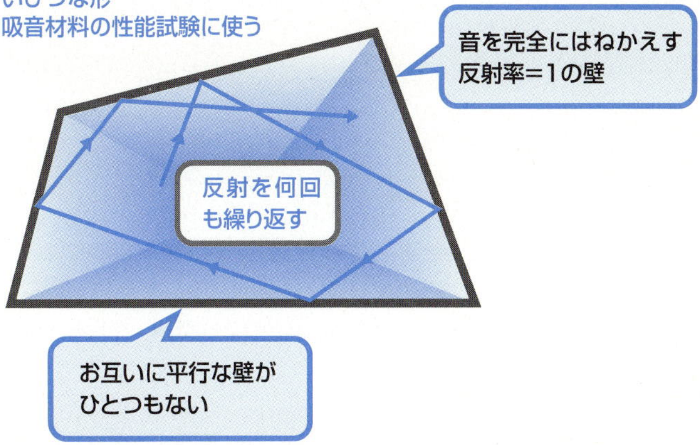

音を完全にはねかえす
反射率=1の壁
反射を何回
も繰り返す
お互いに平行な壁が
ひとつもない

▶パソコンで簡単にできる周波数分析

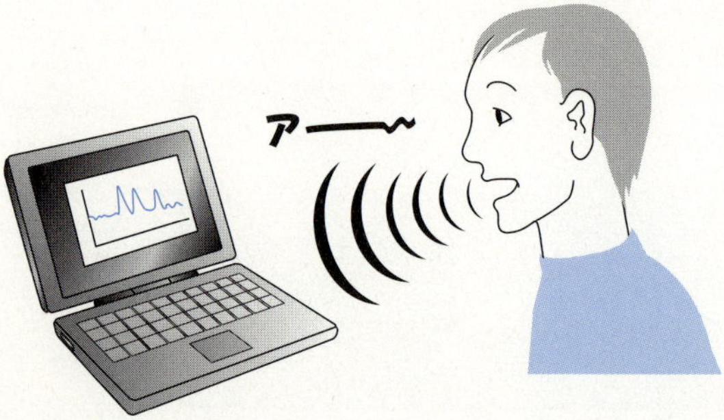

どの高さ(周波数)の音がどれだけ含まれているかを調べる周波数分《しゅうはすうぶん》析《せき》は、現在ではコンピュータで行う場合がほとんどである。それは、本文でも述べたように、ナポレオン時代の数学者フーリエが考えた周波数分析の公式を、効率よく計算する手順が1965年に発明されたからだ。これをFFT（高速フーリエ変換）ということも本文で述べた（94ページ参照）が、最近のパソコンの進歩により、少し前では考えられない手軽さで、誰でも周波数分析ができるようになった。

周波数分析を行うソフトウエアにはいろいろなものが売られているし、有名な表計算ソフトや数学ソフトにもこの機能が組み込まれていることが多い。しかし、インターネットの検索サイトやダウンロードサイトで「FFT」「高速フーリエ変換」「リアルタイムFFT」などのキーワードで検索すると、安価なシェアウエアや無料のフリーウエアで高性能なものが入手できる。パソコン付属のマイクロホンにしゃべった自分の声のスペクトルをパソコンの画面で観測してみるのもおもしろい。

第4章

耳と声の科学

音が聞こえるということ

音の認識の3段階

音は空気の微小な動きであり、人間が聞こうが聞くまいが、つねにわれわれのまわりに満ちあふれている。では、われわれが「音を聞く」というのはどういうことだろうか。また、どのような段取りを踏んで「聞こえた」と感じるのであろうか。

これを3つの段階に分けて考えよう。なぜこんなことをするのかというと、日ごろわれわれが「音」と言っているものは、感覚的に「聞こえた」と感じたものであり、われわれのまわりに存在する物理現象としての「音」とはいろいろな面で開きがあるからだ。また、このことが「音」を理解することを難しくしているのだ。

まず、第1段階として、われわれが知覚しようがしまいが、われわれのまわりに空気の振動《しんどう》という物理的な現象としての「音」が存在する。これはマイクロホンなどで測定できるもので、「音圧レベル××デシベル」「周波数××Hz」と客観的に表現できる。

次に第2段階として、この音が耳に入って鼓膜《こまく》を振動させる。鼓膜の振動は、耳の巧みな構造によって神経信号に変換されて脳へと伝達される。この第2段階は生理的な段階ということができるが、このとき、耳の特性によって音の性質が変形させられる。どういうことかというと、このときすべての音を神経信号に変換できるわけではないし、音圧レベルが2倍になったからといって神経信号も2倍になるわけではないということだ。また、脳への伝達過程でも信号の変形（加工）が行われる。

最後に脳が音の神経信号を認識する。この第3段階で起こっていることには未解明な部分がまだ多い。この段階で、さまざまな情報処理が行われて、はじめて意味のある音として認識されることになる。

音の聞こえ方

物理現象としての音

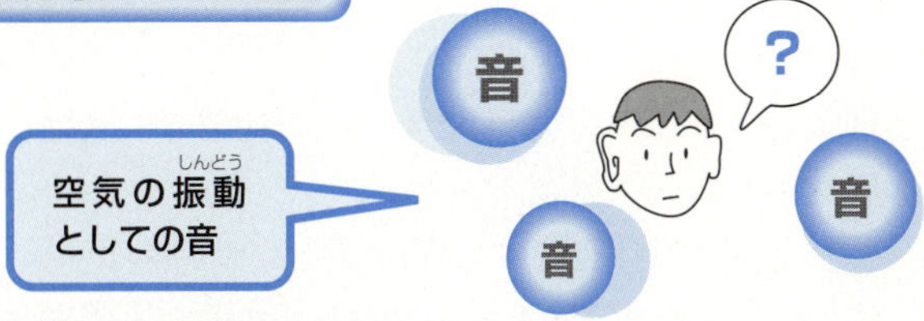

「聞こえた」と感じたもの

●耳の特性、聴覚神経による加工
●脳による処理

↓

空気の振動としての音と、人間が感じている音には違いがある。

●音の認識

生理的レベル

鼓膜《こまく》が空気の振動を捉える。この振動は、神経信号に変換され、脳に伝わる。

物理的レベル

空気の振動としての音。

心理的レベル

脳によって高度な情報処理を行って「音」として認識する。

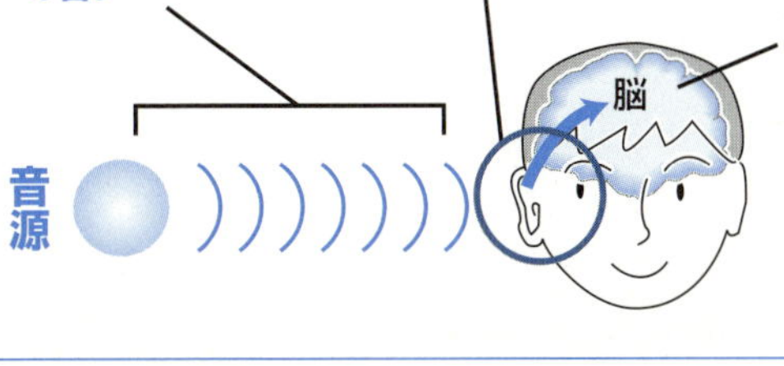

耳のしくみ～音の伝達経路

耳の構造とそれぞれの役割

耳は空気の振動《しんどう》である音を受けとめて、神経信号に変換して脳へ送る役割を持っている。

普通「耳」と言っているのは、外から見える「耳たぶ」（耳介《じかい》）のことで、音のやってくる方向を聞き分けるためのな役割の一部になっている。しかし、実際に音を知覚する複雑なメカニズムは、その奥に隠されている。

耳の穴（外耳道《がいじどう》）は3cmほどの深さで、その先には外耳道を伝わってきた音で振動する「鼓膜《こまく》」がある。鼓膜までの部分を「外耳《がいじ》」と言い、鼓膜の内側が「中耳《ちゅうじ》」である。鼓膜の内側には、「槌《つち》骨」「砧《きぬた》骨」「鐙《あぶみ》骨」と言う3つの小さな骨が連結されていて、これらが「てこ」の原理で鼓膜の振動を拡大して、その先にある「内耳《ないじ》」に伝える働きをになっている。

「内耳」には、かたつむりのように3回転巻いた管があって、この中に振動を神経信号に変換するしくみが入っている。「基底膜《きていまく》」と言う膜があって、その膜上に先端に毛が生えた神経細胞がたくさんつながっているのだ。基底膜は、音の周波数によって振動する場所が異なっており、手前ほど高い周波数、奥ほど低い周波数を受け持つという構造になっている。言ってみれば、内耳は、入ってきた音の周波数によって、異なった神経繊維に信号を伝える「周波数分析」を行っているわけだ。

以前に、人の耳は3～4kHzの近辺の音に対してもっとも感度が高いという説明をした。実はこれにも、耳の構造が大きく影響している。例えば、外耳道は3～4kHzの共振器として働くので、この周波数での聴覚の感度が上がる原因のひとつになっている。

耳の中のしくみ

耳の3つのパート

人の耳は外耳《がいじ》、中耳《ちゅうじ》、内耳《ないじ》の3つの部分に大きく分けられる。

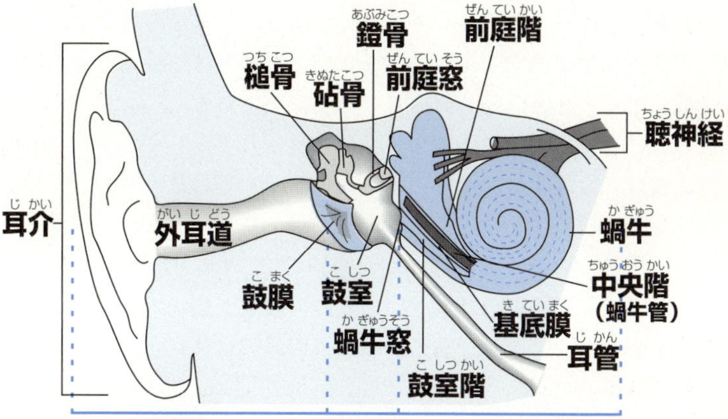

外耳

耳介から鼓膜までを外耳という。

中耳

鼓膜のすぐ奥。鼓室の中に3つの骨がある。

内耳

蝸牛がある。蝸牛の大きさは豆粒大。

それぞれの役割

- **外耳**……外界の音が外耳道を通り、鼓膜を振動させる。
- **中耳**……鼓膜の振動は、鼓室の中の槌骨、砧骨、鐙骨に伝わり、内耳に伝えられる。
- **内耳**……蝸牛の前庭窓が振動し、基底膜に伝えられる。ここで音の周波数が分析される。さらに神経信号に変換される。

音のやってくる方向はなぜわかる？

2つの耳の役割

音がやってくる方向、音源の方向を判断できるのは、耳が2つあるからだ。しかし、このしくみは単純なようで、実は意外に複雑だ。

人間が音源の方向を判別できるのは、2つの耳が受ける音の微妙な時間の差と大きさの差を認識しているためである。正面から来る音は、どちらの耳にも同時に同じ大きさで知覚される。しかし、少し右にずれた音は、左耳よりも右耳に先に入るし、右耳のほうが少し大きな音がする。

特に周波数《しゅうはすう》の高い音では周期《しゅうき》が短いので、1周期に対して左右の耳にとどく時間差の割合が大きい。また、波長が短いので顔による回折《かいせつ》効果も少ない。つまり、陰になるほうの耳には音がとどきにくく小さい音になる。

一方、低い音は回折によって回り込むので、陰になる耳でも同じ大きさで聞こえる。周波数の低い音よりも、高い音のほうが、音のやってくる方向を特定しやすいのは、このような理由による。

このようなことを総合的に判断して、動物は音がやってくる方向を判別しているのだ。

また、耳たぶをはじめ、顔を含めた頭の形が左右の耳へとどく音にいろいろな影響を与えている。これを手がかりに上から来た音、後ろから来た音なども判別していると考えられる。ただ耳が2つあることだけであれば、音源と両耳との距離が等しい、正面、上、真後ろ、真下の音の区別はできないはずであるからだ。

つまり、自分の頭の音響特性を長年の間に脳が記憶し、音のやってくる方向を判断するというわけだ。もし、他人の頭を借りたとしたら、音がやってくる方向を誤ってしまうかもしれないのだ。

左右の耳がポイント

音の方向はどうやってわかるのか?

耳が左右に分かれて2つあることが、音がやってくる方向を判定するため重要なポイントになっている。

●正面からの音

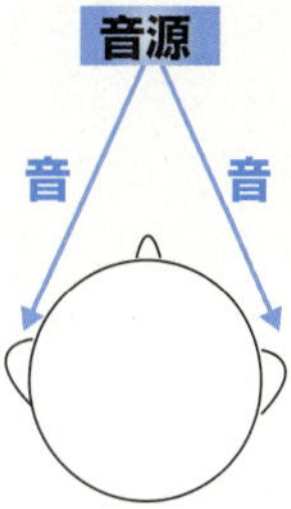

両耳に同時に同じ大きさでとどくので、真正面から音が来ているのがわかる。

●真横からの音

左の耳には、音が顔を回折《かいせつ》して遅れてとどき、音質も変わるため、右側真横からだとわかる。

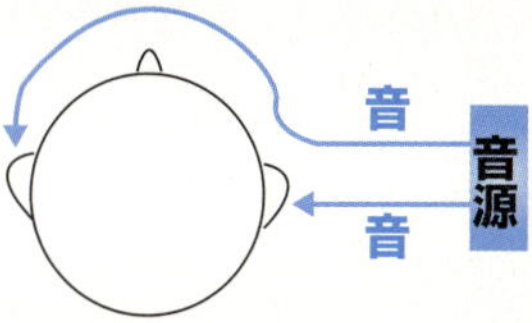

●右前方からの音

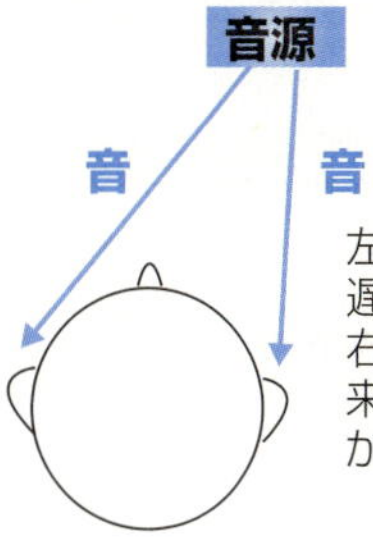

左の耳には音が遅れてとどくので、右前方から音が来ているのがわかる。

●右後方からの音

両耳とも回折して音がとどき、左の耳には遅れてとどくため、右後方だとわかる。

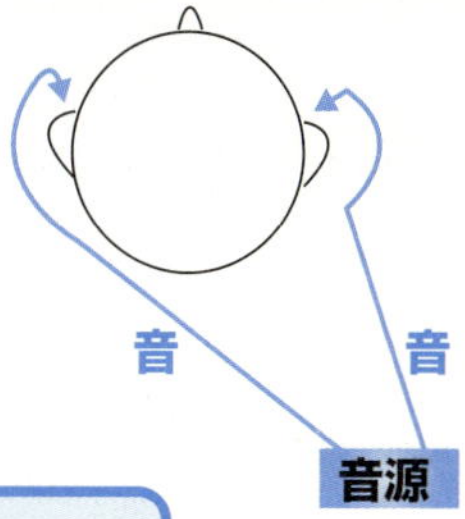

低音域の音は回折によって回り込むため、音のやってくる方向を判別しにくい。

音の大きさの感じ方

耳の音量調節

耳は精密なしくみを持っていて、鼓膜《こまく》の小さな振動をも感知できる。しかし、このように高感度であると、大きな音には対応できなくなってしまいそうである。

ところが実際には人間の聴覚は、聞き取れる最小の音の100万倍もの大きな音圧にも対応できるのだ。これには、蝸牛管《かぎゅうかん》の中の基底膜《きていまく》につながった神経細胞の働きが関わっている。最近の研究によると、この神経細胞の一部は基底膜の動きを助長する作用があることがわかってきている。さらに、この作用は小さな音に対しては最大限に働き、大きな音に対しては動作しない。すなわち、小さな音には基底膜が高感度に反応するが、大きな音には基底膜は鈍い反応を示すわけである。これは、カセットテープレコーダーの録音回路などに組み込まれている「自動音量調節」と同じである。

このように、聴覚神経は実際の音圧と同じ大きさを感じるわけではないのである。つまり、音圧が10倍になったところで、感覚的には10倍には聞こえず数倍にしか聞こえない。このことが、聴覚の扱える音の大きさの範囲を広げているのだ。しかし、反面、この辺に騒音対策の難しさがあるのだ。たいへんな苦労をして騒音レベルを数分の1に下げて、計器で測っても確かにそれだけ音圧が落ちているのに、耳で聞いてみるとそれほどかわらないという結果になるのだ。

デシベル単位は対数であり、比較的人間の感覚に近いが、一致するものでもない。小さい音に対しては、小さい音圧変化も大きな変化に感じる。

また、音の大きさの変化に対する敏感さであるが、普通、人間の耳は10％程度の強度変化を感知することができる。

音の大きさと音圧レベル

耳の神経細胞

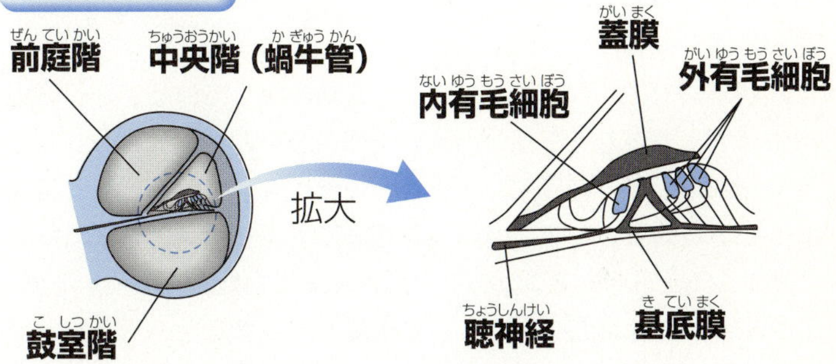

前庭階《ぜんていかい》
中央階《ちゅうおうかい》（蝸牛管《かぎゅうかん》）
鼓室階《こしつかい》
拡大
蓋膜《がいまく》
内有毛細胞《ないゆうもうさいぼう》
外有毛細胞《がいゆうもうさいぼう》
聴神経《ちょうしんけい》
基底膜《きていまく》

小さい音の場合 ＝ 聴神経が基底膜を助長するため、基底膜が高感度に反応する。

大きい音の場合 ＝ 基底膜の反応が鈍い。

音の大きさと音圧レベルの関係

1ソーン（sone）とは、音の大きさの基準となる単位で、周波数が1000Hz、音圧レベルが40dBの純音を聞いたときに感じる音の大きさをいう。

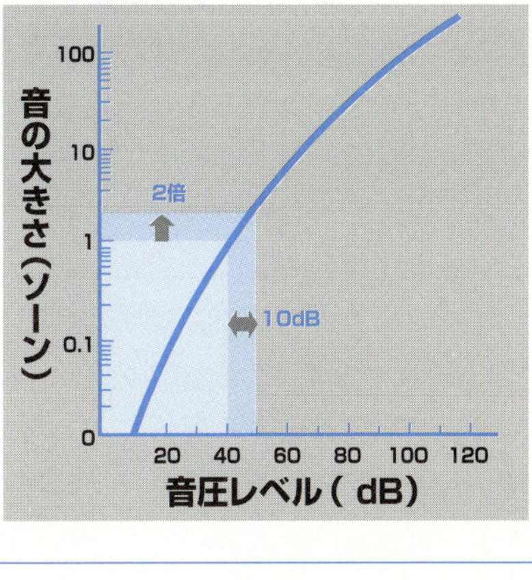

100
10
1
0.1
0
音の大きさ（ソーン）
2倍
10dB
20
40
60
80
100
120
音圧レベル（ dB）

マスキング

音が重なった部分は聞こえない？

高層ビルのエレベーターでは、ＢＧＭを流していることが多い。これにはれっきとした理由がある。人間の聴覚の「マスキング」という性質を利用して、高速エレベーターの風切り音などの騒音を目立たなくしているのだ。エアコンの音が止まると、急に別の騒音が気になり出すことなども、エアコンの音が別の音を目立たなくしているためだ。

マスキングとはこのように、ある音が存在すると、もうひとつの音が聞き取りにくくなる現象である。騒音で人の話やテレビの音が聞こえにくくなるのはふだん経験しているだろう。また、自分が声を出していると、他人の声は聞き取りにくくなる。

もう少し正確に言うと、妨害音によってある音の最小《さいしょう》可《か》聴《ちょう》値《ち》が上昇する現象がマスキングである。そして、最小可聴値の上昇分を「マスキング量」と呼んでいる。

マスキング量は、妨害音と目的の音の周波《しゅうは》数《すう》が近いときに大きくなる。また、妨害音の周波数が低いときのほうが高い場合よりもマスキング量が大きくなる。妨害音の大きさを大きくすると、マスキング量も大きくなるし、影響を与える周波数範囲も広がってくる。

マスキングは、ひとつの耳に目的とする音と妨害音が一緒に入ったときに目立って現れる現象で、目的音と妨害音が別々の耳から入る場合にはあまりマスキングは生じない。だから、繁華街などで電話をするときには、このことに注意すれば相手の声は騒音に妨害されにくくなる。また、妨害音の周波数のずれがある範囲よりも大きくなると、マスキングを起こさなくなる。これらの性質は、内耳《ないじ》にある多数の聴覚神経の周波数による分担や、その神経が脳へいたる途中での信号《しんごう》処《しょ》理《り》機構《きこう》と深い関係があると考えられている。

マスキング現象

マスキングとは

妨害音により、ある音の最小《さいしょう》可《か》聴《ちょう》値《ち》が上昇する現象。

最小可聴値の上昇分 ＝ マスキング量

大きな音（妨害音）がしているときは、他の音は聞こえにくい。

妨害音が止まると、他の小さな音が聞こえるようになる。

マスキングの防ぎ方

マスキングは、妨害音と目的の音が同じ耳から入るときに起こりやすい。

電話の場合、受話器側の耳に騒音が入らないように気をつけると、相手の話し声がよく聞こえる。

カクテルパーティー効果

音の情報圧縮やカクテルパーティー効果

最近では、人間の耳の特質を積極的に利用した録音や再生が行われている。MD（ミニディスク）やコンピュータ録音に使われている、圧縮技術がそれである。つまり、マスキングされている音については、現実には存在するのだが、どうせよく聞こえないので、省略して記録しようというものだ。したがって、CDやDATのように、存在する音をすべてそのままデジタル化する場合に比べて、データが少なくなり小さなディスクで同じ長さの曲が録音できるのだ。しかし、考えてみると、これは現代人の耳を基準に作った圧縮技術なので、聴覚が鋭敏であったであろう古代人はごまかせないかもしれない。

また、宴もたけなわの立食パーティーではたいへんな喧噪であるが、そんななかでもある特定の気になる会話は聞き取ることができる。このように、雑音にうもれた音の中から、自分の必要とする情報を聞き取ることができることを「カクテルパーティー効果」と言う。

どうしてこのような芸当ができるのだろう。「聞き耳を立てる」と言うが、このことばには2つのことが含まれる。ひとつはまさに「聞き耳」で、聞きたい音のするほうへ耳を向けたり、ときには手のひらを耳にそえたりする。ウサギなどの動物はレーダーのパラボラアンテナのように耳を動かしている。もうひとつは、聞きたい音に神経を集中するということだ。むしろこれが「カクテルパーティー効果」の本質であるが、これには、脳の処理によるところが大きい。

このような脳の働きについては未解明の点も多いが、同じ音源から発する音であることを、音の高さや大きさ、到来方向の変化が同じであること、基音《きおん》や倍音《ばいおん》が同一であること、などを分析することで判断していると考えられている。

音の聞き分け

マスキングの特性

●騒音が低音域の場合 ─ **マスキング効果は大**

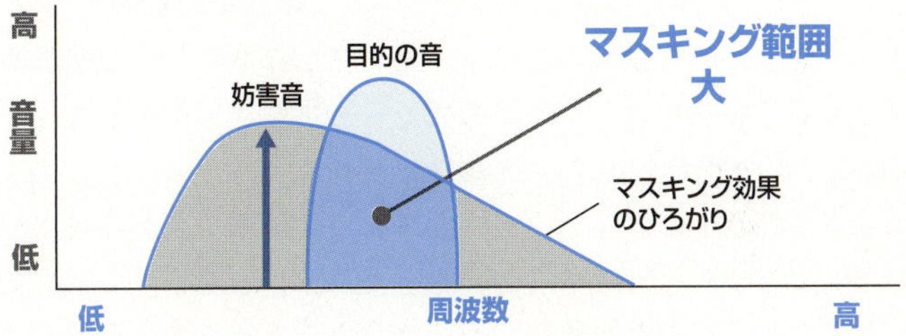
高
音量
低
目的の音
妨害音
マスキング範囲
大
マスキング効果
のひろがり
低
周波数
高

●騒音が高音域の場合 ─ **マスキング効果は小**

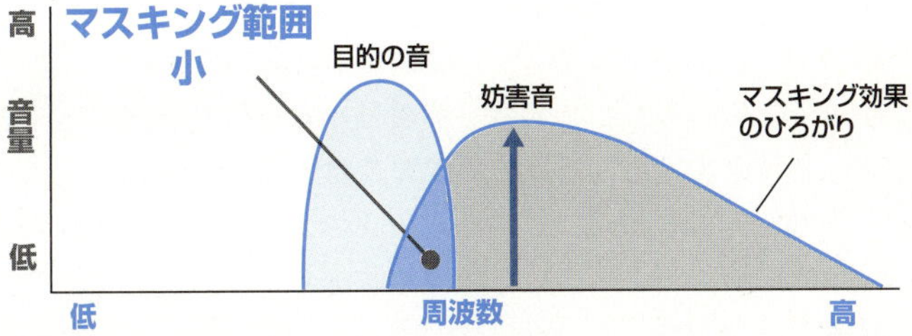
高
音量
低
マスキング範囲
小
目的の音
妨害音
マスキング効果
のひろがり
低
周波数
高

騒音とカクテルパーティー効果

騒々しい場所でも、
話し相手の声は聞き
取ることができる。

声はどうやって出る？

声帯と発声

声を出してのどに手をあててみよう。のどが震えているのがわかる。これは「声帯《せいたい》」という膜がのどにあって、ここに肺から送り込まれた息を吹きあてて振動《しんどう》させているためだ。この振動が声の源となる。声帯は左右2つに分かれていて、その間を息が通る。

しかし、子音の中には「s」や「p」のように声帯の振動を使わないものがある。声帯を振動させない声を「無《む》声音《せいおん》」と言う。これらの音では、息が舌と上顎《うわあご》の間や唇の間から抜け出るときの音を源としている。また、内緒話のときも声帯は使わない。一方、母音や「b」「g」のような子音は声帯の振動を使っており、「有声音《ゆうせいおん》」と言う。

いずれにせよ、声帯の振動なり、息が通る流体的な変動なりが声の大元になっている。しかし、これらの音はいろいろな周波《しゅうは》数成分《すうせいぶん》を含んだ雑音のような音であって、このままでは声にならない。

これを声に加工するのが、声帯から口までの声の通り道の共振現象だ。口の中の形の変化で、いろいろな声を出していることはすぐ実感できるだろう。

「あ、い、う、え、お」と声を出してみると、あごの開き具合や舌の位置、口先の形などによって、口の中の体積が変化しているのがわかる。これによって、共振周波《きょうしんしゅうは》数《すう》が変化して、声帯の振動音から特定の周波数の音を選択しているのだ。この原理は、管楽器の項目で説明した過程とそっくりだ。また、「m」「n」は鼻に息を抜くので、鼻の共振を利用しており、鼻が詰まるとうまく出せない音だ。

女性よりも男性は声帯が大きく、声帯の振動に低い周波数が含まれる。また、共振器となる口までの息の通り道のサイズも大きく、低い周波数で共振する。だから、一般に男性の声は低くなる。

声が出るしくみ

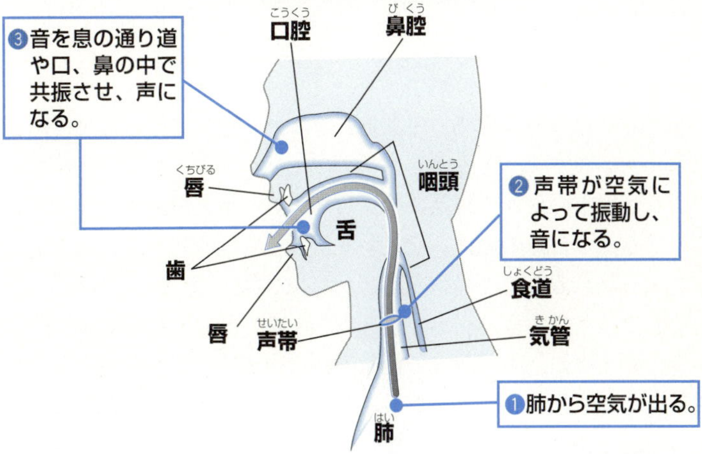

❸音を息の通り道や口、鼻の中で共振させ、声になる。
口腔《こうくう》
鼻腔《びくう》
唇《くちびる》
咽頭《いんとう》
❷声帯が空気によって振動し、音になる。
舌
歯
唇
声帯《せいたい》
食道《しょくどう》
気管《きかん》
❶肺から空気が出る。
肺《はい》

有声音《ゆうせいおん》

母音、「b」「g」などの子音

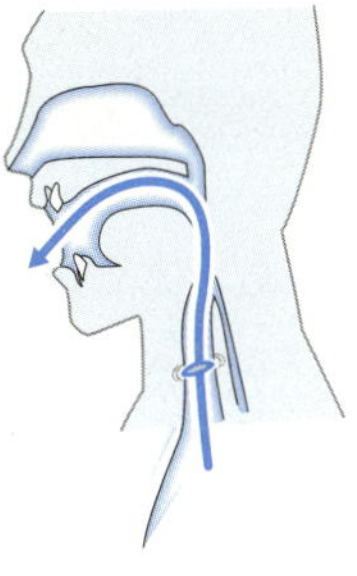

●声帯がふるえて出た音を、口や鼻で声として加工する。

無声音《むせいおん》

子音「s」「p」、内緒話などのささやき声

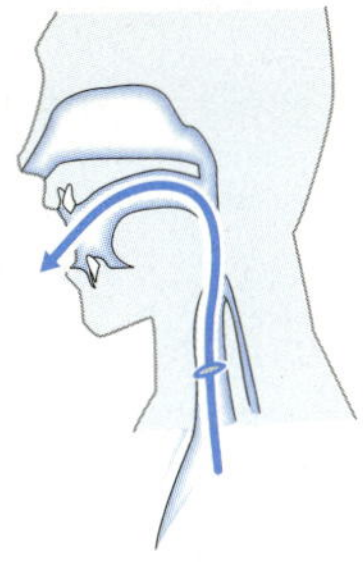

●声帯をふるわせずに声を出す。

鼻音《びおん》

子音「m」「n」

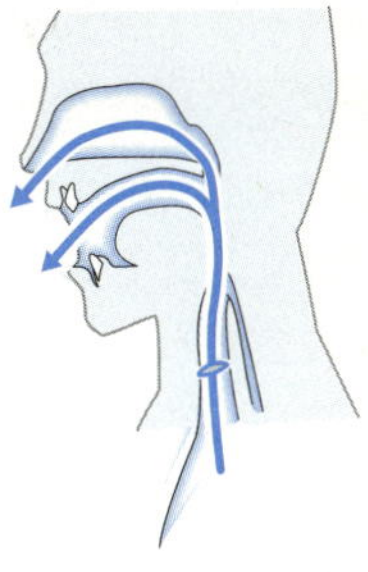

●口だけでなく、鼻も使って加工する。

自分の声と人の声 ～骨伝導音

骨を伝わって聞こえる音

録音した自分の声を聞いてみると、ふだん聞いている自分の声とずいぶんと印象が違うと思う。

これは、声の伝わる経路に関係している。他人の声やテープレコーダーから出る自分の声は、空気中を伝わって耳の穴から入ってきて鼓《こ》膜《まく》をふるわせる。この鼓膜の動きが聴《ちょう》覚《かく》神《しん》経《けい》に感知されるわけだ。

それでは自分でしゃべった場合、その声はどのように聴覚神経に伝わるのだろうか。もちろん、他人の声と同様に、口から出て自分の耳の穴に入る成分もある。しかし、声のもとである声帯《せいたい》の振動《しんどう》やのどなどの震《ふる》えが、骨を伝わって鼓膜や聴覚神経にとどく成分もある。

このように骨を伝わって聞こえる音を「骨伝導音《こつでんどうおん》」と言うが、伝えやすい周波《しゅうは》数域《すういき》の特性が空中を伝わる場合と異なるし、音源も違うので音《ね》色《いろ》がかわってくる。そのために、いつも聞いている自分の声は、他人に聞こえるものとは違うわけだ。自分で聞く声は低音が強調されたこもった声になっている。

最近、骨伝導を積極的に利用して、雑音の中でも明瞭に通話できる携帯電話が発売されて話題になった。

また、耳を完全にふさいで外からの音を遮断《しゃだん》しても、完全な無音状態にはならない。これも、頭《ず》蓋骨《がいこつ》などから振動となって入った音が骨を伝わって聴覚神経を刺激するためだ。耳から入る場合には聞こえない20kHz以上の超《ちょう》音《おん》波《ぱ》でも、骨に伝えると聞こえるという研究報告もある。

音は空気の振動であるが、このように骨やその他の固体の振動に姿をかえて伝わってゆくという性質を持っている。隣の部屋に騒音が伝わる場合なども、多くは壁などの振動が関係している。

骨伝導音

自分の声の伝わり方

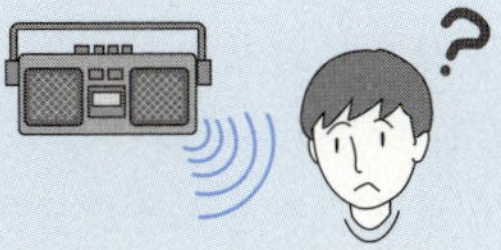

テープレコーダーで録音した自分の声は、自分で聞いている声とは違って聞こえる。

●テープレコーダーの声を聞くとき

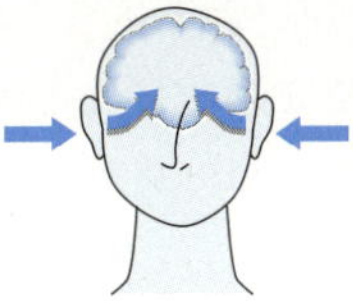

耳の穴から入った音が、鼓膜《こまく》をふるわせ聴覚《ちょうかく》神経《しんけい》にとどく。

●自分でしゃべった声を聞くとき

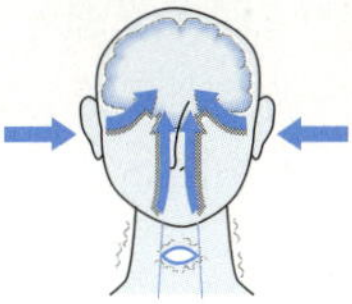

耳の穴から入る音のほか、声帯《せいたい》やのどの振動《しんどう》が骨を伝わり、鼓膜や聴覚神経にとどく。

＝

骨伝導音《こつでんどうおん》

音源や音の伝わり方が違うので、同じ声でも違って聞こえる。

耳を通さなくても音は聞こえる

耳をふさいでも、音は聞こえる。

↓

骨伝導音が聞こえるため。

骨伝導を利用した、補聴器や携帯電話も開発されている。

声を分析してみる～声紋

声の周波数成分

声をマイクロホンで録音した波形は複雑な形をしている。これを周《しゅう》波《は》数《すう》成《せい》分《ぶん》に分解してみると、なにか特徴が明らかになるかもしれない。

声がどんな周波数成分を持っているかは、声を周波数分析すればわかる。しかし、声は時間的に安定した音ではない。例えば、「ka」という音声は、子音「k」に続いて母音「a」が鳴る。そこで、ある瞬間瞬間のスペクトルを時間を追って表示する。これがいわゆる「声紋《せいもん》」である。縦軸を周波数、横軸を時間として、強い周波数成分ほど濃く表示することで、どの瞬間にどの周波数成分が強いかが一目でわかるようになっている。

強度が強い周波数がいくつか存在する場合があり、「あ」「い」「う」「え」「お」の母音は、これらがはっきりしている。これは声帯から口までの息の通り道の共振特性《きょうしんとくせい》を反映したものであって、それぞれの音の特徴をよく表している。これらのピークを「ホルマント」と呼び、いちばん周波数が低いものを「第1ホルマント」、次を「第2ホルマント」と言う。特に第1と第2が注目されることが多いが、音によって、これらの周波数が異なっている。

また、無《む》声音《せいおん》は、無秩序な波形をしている。周波数分析をすると、明瞭なピークがなく、広い周波数範囲に連続的に分布するスペクトルになっていることがわかる。

このように、声紋は音によってそれぞれ特徴のあるパターンを持っている。また、ひとつの音ではなく、単語を発音したときの声紋をみると、前後の音に影響を受けたり、連結したりして、さらに複雑なものとなる。また、年齢や性別はもちろん、個人差も現れるので、声紋で誰の声かがわかるのだ。

声　紋

声紋《せいもん》 = 声のスペクトル表示

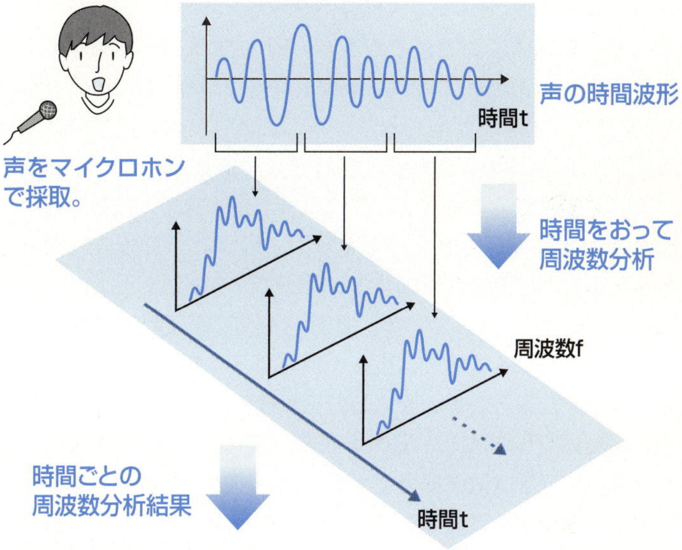

時間t
声の時間波形
声をマイクロホンで採取。
時間をおって周波数分析
周波数f
時間ごとの周波数分析結果
時間t

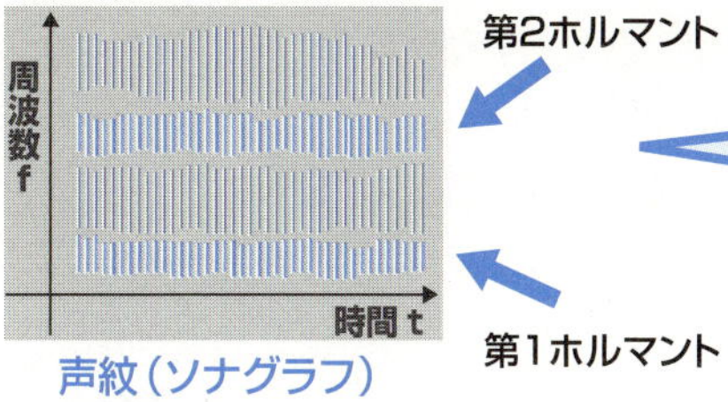

周波数f
時間 t
第2ホルマント
第1ホルマント

声紋（ソナグラフ）

周波数の強さに応じて
濃さを変化させ表す

周波数《しゅうはすう》の強度が強い部分を「ホルマント」と言う。ホルマントは音によって、形が違う。

声紋は、
- 音によって異なる
- 性別、年齢、個人によって異なる

耳に聞こえない音と人間の関係①～超音波

超音波は本当に聞こえない？

人間が耳で聞くことができる音の周波数の上限は20kHz程度である。しかし、犬などの動物には数十kHzの超音波でも聞こえており、「犬笛」などとして利用されている。このことは、生物の聴覚神経自体は20kHzを超える音も受け容れる能力を秘めていることを示している。人間の場合でも、耳の穴に入った音を神経へ伝えるしくみの性能が20kHzに制限されているだけで、骨などから直接聴覚神経へ音を伝達させれば超音波も感じることができるといわれている。これを「骨導超音波」と呼んでいる。骨導超音波は重度難聴者でも「聞こえる」ことがわかっており、新しい補聴器としての応用が考えられている。耳のすぐ後ろの硬い骨に超音波振動子をあて、可聴音で振幅変調した超音波を伝えると、元の可聴音が聞こえるというのだ。しかし、なぜ骨道だと超音波が知覚できるのかは正確にはわかっていない。

外から来る音は耳の穴以外にも、頭蓋骨などを伝わって聴覚神経に達する可能性があるので、空気中を伝わってきた超音波も知覚できるかもしれない。実際、強力な超音波を利用している工場などに入ると、圧迫感に似た超音波の「雰囲気」を感じることがある。また、「可聴域」より周波数が高い超音波が音の印象に影響を与えるともいわれている。現在のＣＤでは、20kHz以上の音はわざと遮断されていて、録音されていないし、再生もできない。一方、アナログレコードでは特に周波数制限をしていないために、装置によっては20kHz以上の音も再生できている場合があって、ＣＤより「よい音」がするのだという説もある。新しいデジタルオーディオ規格では100kHzまで録音、再生できる仕様になっているが、超音波と人間の関係にはまだまだ断言できないことが多い。

人が感じる超音波

超音波と骨《こつ》伝《でん》導《どう》音《おん》

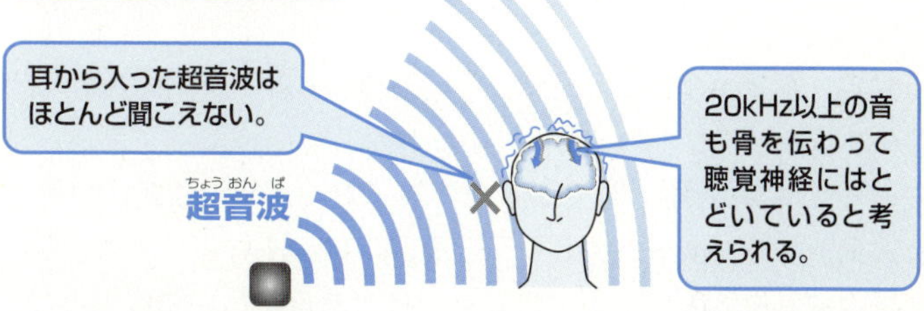
耳から入った超音波は
ほとんど聞こえない。
超音波《ちょうおんぱ》
20kHz以上の音
も骨を伝わって
聴覚神経にはと
どいていると考
えられる。

骨伝超音波補聴器

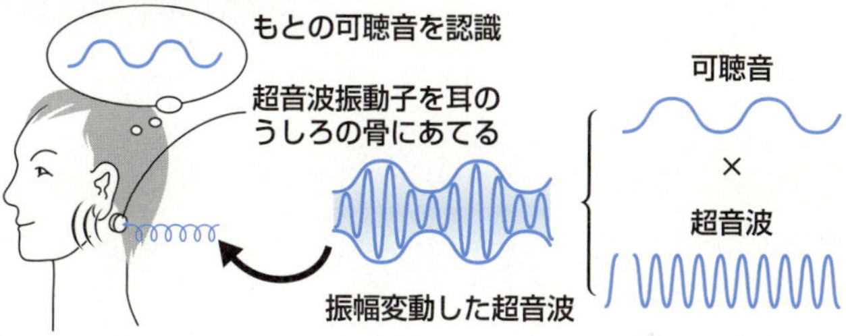
もとの可聴音を認識
超音波振動子を耳の
うしろの骨にあてる
振幅変動した超音波
可聴音
×
超音波

CDとレコード

高級なレコードプレーヤーの場合、CDプレーヤーより良い音に感じられる場合がある。これは、超音波も再生しているためだと考えられる。

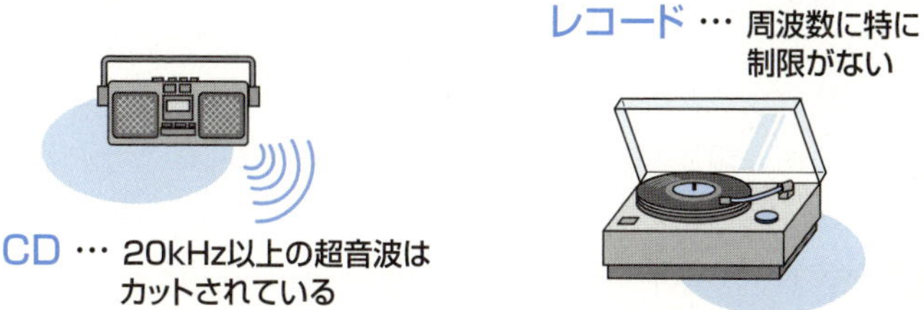
レコード … 周波数に特に
制限がない
CD … 20kHz以上の超音波は
カットされている

耳に聞こえない音と人間の関係②
～超低周波音

超低周波音とは何か？

最近、新聞やテレビなどで、「超《ちょう》低《てい》周《しゅう》波《は》音《おん》」が話題にのぼることがある。

一般に人間が耳で聞くことができる音は最低で20Hz程度であると、第1章でも述べた。しかし、実際には、それよりも周波数の低い空気の振動も体のどこかで感じることがあるのだ。聞こえるというよりも、圧迫感《あっぱくかん》、振動感《しんどうかん》などとして感じるといったほうがよいだろう。

このような低い周波数の音は、空気中を伝わるほか、地面や建造物を振動として伝わってきて、それに共振《きょうしん》する窓枠などの構造物をガタガタと大きく揺さぶったりする。近所になんの原因も見あたらないのに、ひとりでに起こるので気持ちがわるい現象だ。家がガタガタ鳴る「ポルターガイスト」などのオカルト現象も、超低周波音が正体なのかもしれない。

超低周波音の源はさまざまで、ボイラーや機械であったり、自然現象である場合もある。専門家の力を借りないと原因を特定するのは難しいので、やっかいな存在だ。たいていは、いくつかの偶然が重なって、強力な低周波振動が発生してしまったケースが多いようだ。

あるダムの例では、雨のあとの放水で、流れ落ちる水流がある周波数で振動したのが原因となった。しかもそれがダムの配置や構造による「共振」で助長されて、超低周波音が発生したという。

このような超低周波音と健康との関係は、まだあまり明らかにされていないが、知らず知らずのうちに超低周波音にさらされていて、原因不明の体調不良を起こしていた、などということも報じられている。超低周波音が本当の原因かどうかを判定するのは難しいが、耳に聞こえる騒音に比べると、聞こえないぶん、やっかいな存在だ。

超低周波音の影響

低《てい》周《しゅう》波《は》振《しん》動《どう》が起こるしくみ

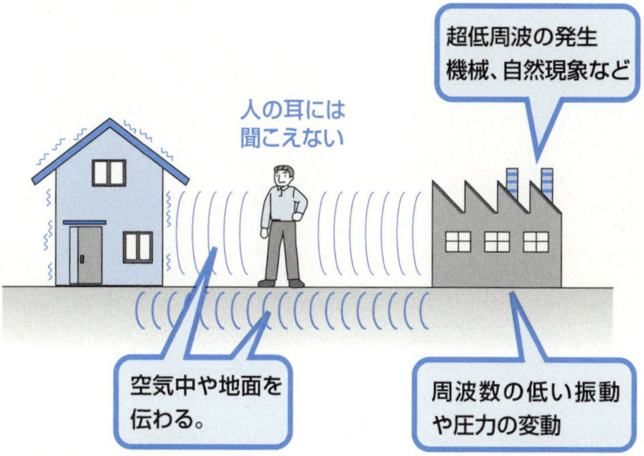
超低周波の発生
機械、自然現象など
人の耳には
聞こえない
空気中や地面を
伝わる。
周波数の低い振動
や圧力の変動

生活への影響

共振によって、窓枠や
家具が揺れる。
気分がすぐれない。

▶聴力障害と補聴器

大きな音を聞きすぎると耳の感度が低下してしまう。これである程度以上、感度が低下した状態が「難聴」である。一時的に大きな音にさらされて聴力が低下した場合は自然に回復することも多いが、大きな音を毎日聞きすぎると、もとに戻らない難聴になってしまう。

もとに戻らない難聴には、内耳に振動を伝える機構がこわれた難聴と、内耳の中の神経細胞の働きが鈍ってしまった難聴とがある。神経細胞が正常であれば、音を一様に電気回路で増幅してやればよいだけなのだが、神経細胞の働きが鈍ってしまうと、小さな音に対する感度が特に低下する。つまり、聞くことができる音の強さの範囲が狭くなってしまうのだ。また、年をとると、とりわけ高い音に対する感度が低下するが、ある周波数範囲だけ聞こえにくくなる難聴もある。

このように難聴と言っても、聞きづらくなる音は症状によって、さまざまである。したがって、補聴器もただ単純に音を大きくしただけでは、元通りの聴力にならない。めがねと同じで、難聴の状態を詳しく調べてもらい、それにあわせて補聴器の特性を調整してもらう必要がある。

第 5 章

電気と音
～音を記録／再生する

音を記録するという発想とその原理

エジソンの発明

すぐに消えてなくなってしまう音をなんとか記録したいということは、人間の長い間の夢だった。山びこは何度か「ヤッホー」を繰り返すが、せいぜい数回である。だいいち、好きなときに再生できない。空気の振動《しんどう》である音を、音のまま閉じ込めることは不可能だ。

しかし、エジソンが1877年に、表面にスズ箔《はく》を貼った管に音を記録し、再生するという「フォノグラフ」を発明して以来、今日のCDやMDにいたるまで、人間は音を保存し再生するいろいろな技術を開発してきた。今では録音できるのが当たり前だ。

「フォノグラフ」の発想のポイントは、空気の振動をそのまま記録できないなら、別のものに置き換えて保存すればいいと考えたところだ。エジソンは、空気の振動の力で針先を動かし、スズ箔を貼った管の表面に空気の振動に応じた引っかきキズをつけることを思いついた。実は、エジソン以前にもフランスの印刷技師スコットが、ススを塗った円筒に同じように音の波形を記録することを考えている。しかし、記録した音を再生しようという発想はなかったようだ。

音で針先を振動させるには、振動板を用いる。糸電話を思い出してほしい。フォノグラフの振動板は、紙コップの底に糸のかわりに針をつけるのと同じしくみだ。一方、管は一定速度で回転させていくので、空気の振動が次々に時間を追ってキズとして記録される。

再生するには、この管を同じ速度で回転させ、針を押し当ててキズをなぞらせる。そうすると針先は記録されたキズに応じて振動する。ただ、細い針が振動しただけでは、出てくる音は非常に小さくて聞こえない。そこでやはり振動板を振動させる。これは、糸電話の受ける側と同じだ。次項ではこの音を大きくするしくみについてみてみよう。

音を管にきざむ

フォノグラフ

1877年、エジソンによって発明される。
記録材をろうやセルロイドにするなど、改良が加えられた。しかし、ベルリナー方式（166ページ参照）の登場により、すたれてしまった。

フォノグラフのしくみ

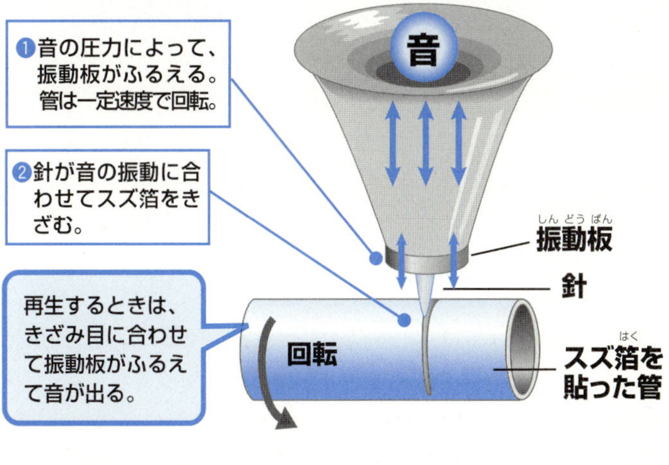

❶音の圧力によって、振動板がふるえる。管は一定速度で回転。
❷針が音の振動に合わせてスズ箔をきざむ。
再生するときは、きざみ目に合わせて振動板がふるえて音が出る。
音
振動板《しんどうばん》
針
回転
スズ箔《はく》を貼った管

音を拡大するしくみ

記録した音を拡大して出力する

エジソンの円筒式の蓄音機《ちくおんき》に対して、ドイツ人ベルリナーは円盤式を発明した。円盤式は記録面が平板なので、原盤が１枚あれば、押しつけることで複製をたくさんつくることができる。このため、複製をつくるのが難しいエジソン式はすたれていった。ちなみに、エジソン式では溝の深さで音を刻み込んでいたが、ベルリナー方式の溝は音に応じて横方向にうねっている。

また、当時、「シェラック」という樹脂《じゅし》が使われはじめた。これは硬いので、再生するとき針に負けずに、力強く振動《しんどう》を針に伝えられるため、初期のものに比べると大きな音を出すことができた。それでも、ただ針を振動させるだけでは音量に限界がある。

限られた振動からできるだけ大きな音を出そうとした工夫が、「サウンドボックス」だ。まず、溝をなぞった針の小さな振動を「てこ」で拡大している。これによって振動板は大きく振動する。

ここで、もうひとつミソがある。それは、振動板の前が出口の小さい空気室になっていることだ。振動板で押された（引かれた）空気が振動板よりも小さな出口から出る（入る）ので、そこでは空気の動く速度が速くなるのだ。つまり、振動板と出口の面積の違いで空気の粒《りゅう》子速度《しそくど》を拡大していることになる。これは一種の音響的な変圧器《へんあつき》だと考えてよい。また、出てきた音は、徐々に面積が広がったホーンで空中へ導かれていく。

当時の蓄音機はレコードを回す動力もゼンマイで、全て機械じかけであり、電気はいっさい使っていなかった。やがて、レコード会社での録音は電気の力を借りるようになったが、こうした機械式蓄音機はけっこう大きな音がしたので、家庭ではしばらく使われ続けた。

音の拡大と出力

ベルリナー方式

1887年、ドイツ人E・ベルリナーによって、現在のレコードに近い録音方法が発明された。

- 記録媒体《きろくばいたい》(レコード)が円盤型
- 複製を容易に作成できる
- 溝が左右の横方向にうねってきざまれている

といった特徴がある。

サウンドボックスのしくみ

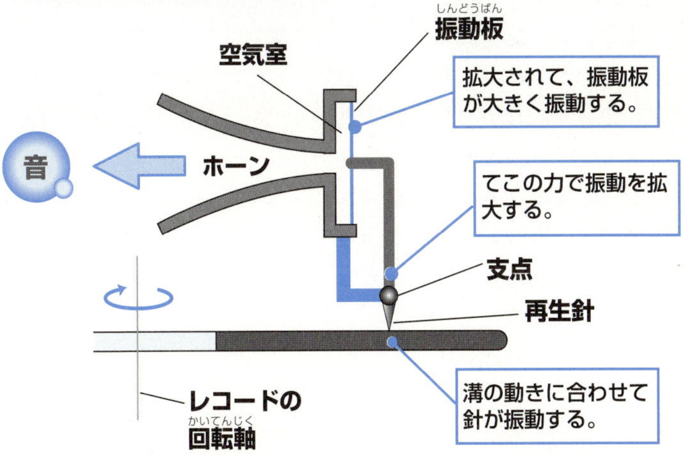

振動板《しんどうばん》
空気室
拡大されて、振動板が大きく振動する。
音
ホーン
てこの力で振動を拡大する。
支点
再生針
溝の動きに合わせて針が振動する。
レコードの回転軸《かいてんじく》

マイクロホン

音を電気信号に変える

今日では、機械式の音響機器は使われていない。電気の力つまり「電気信号」を使うと、自由に遠くまで音を送ったり、音の強弱をコントロールすることが可能だからだ。この電気信号とは、電圧の高低や電流の強弱だ。空気の圧力の高低である音波を、電圧の高低である電気信号に変換する。そして、この変換を実際に行う道具が「マイクロホン」なのである。

いろいろな原理のマイクロホンがあるが、たいていはどれも小さな振《しん》動膜《どうまく》を持っている。これは、人間の耳の鼓膜《こまく》に対応するものだ。音によって振動膜は振動し、この振動に応じた電気信号をつくり出す。つまり、音による圧力変動に対応した電圧変動や電流変動をつくり出す。

磁界《じかい》中で電線を動かすと、その電線に運動速度に比例した電流が流れる。この現象を利用したのが「ダイナミック型」マイクロホンである。すなわち、振動膜にコイル状の電線が取り付けてあり、そのコイルをはさむように磁石が配置されている。こうすることで、振動膜の動きに応じた起電力がコイルに生じる。カラオケ店にあるマイクロホンはダイナミック型であることが多い。

また、小型で非常によく使われているのが、「エレクトレット・コンデンサ型」マイクロホンである。「エレクトレット」とはこすらなくとも半永久的に静電気を帯びた材料のことである。この両端に電極をつけるが、その片方を振動板とする。音圧が加わると、振動板が変形して、音圧に応じた電圧変化が電極に得られる。この方式の利点はマイクロホンはたいへん小さいものが製作可能なことである。携帯電話機やパソコン、ICレコーダーなどのマイクロホンは、すべてこのエレクトレット型である。

音を電気信号に変える

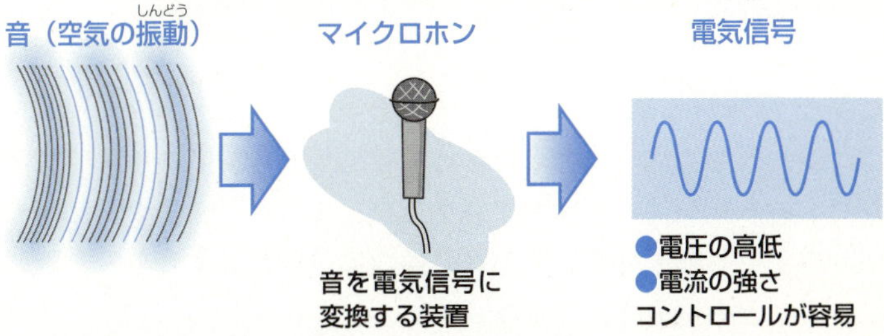
音（空気の振動《しんどう》）
マイクロホン
電気信号
音を電気信号に
変換する装置
●電圧の高低
●電流の強さ
コントロールが容易

ダイナミック型マイクロホンの原理

「磁界の中で電線を動かすと、電流が流れる」という性質を利用。

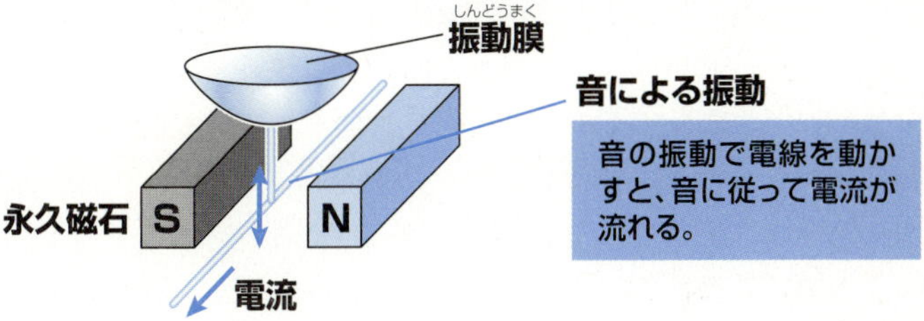
振動膜《しんどうまく》
音による振動
音の振動で電線を動かすと、音に従って電流が流れる。
永久磁石
S
N
電流

マイクロホンの種類

一般的には、「ダイナミック型」と「エレクトレット・コンデンサ型」が使用されている。

●ダイナミック型

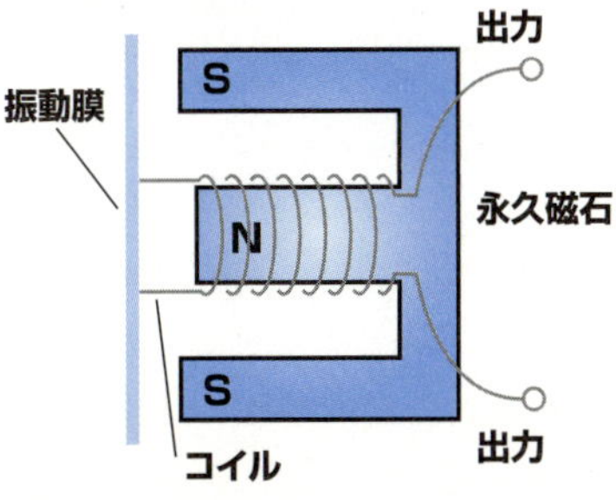
出力
振動膜
S
N
永久磁石
S
コイル
出力

●エレクトレット・コンデンサ型

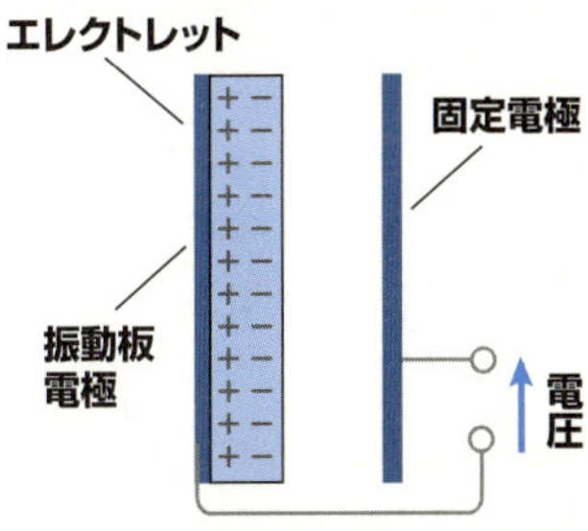
エレクトレット
固定電極
振動板
電極
電圧

スピーカー

電気信号を音に戻す

いったん電気信号になった音は電線を伝わらせて遠くまで送ることができる。電気信号も途中で弱まるが、エレクトロニクス技術を使えば、自由に増幅できる。元の音の何百何千倍のエネルギーを持った音にすることも可能なのだ。

電圧や電流の変化に姿を変えていた音を、空気の振動《しんどう》として再び空中に送り出すのがスピーカーだ。物が振動すれば音が出るので、電気信号の強弱に応じて振動板が振動するようなしくみがあればよい。

このための原理として、歴史上いくつかのものが発明されてきたが、現在最も広く使われているのが、磁石が電流に及ぼす力を利用したものである。つまり、モーターと同じ原理だ。理科で習ったように、磁石のＮ極とＳ極を向き合わせ、その間に置いた電線に電流を流すと、電流の強さに比例した力が電線に働く。電流の向きを逆にすると力の向きも逆になる。この電線の動きを振動板に伝え、音を出すのだ。

スピーカーでは、普通、電線をぐるぐるコイル状に巻いて発生する力を強くする。これは「ボイスコイル」と呼ばれ、紙などでできた振動板の中央に付いている。振動板は、ボイスコイル付近と周辺部で、蛇腹《じゃばら》形状の柔軟な部材で支えられていて、前後に動くようになっている。そして、ボイスコイルの内側と外側からはさむような同心円状の永久磁石《えいきゅうじしゃく》があって、ボイスコイルは強力な磁場《じば》にさらされている。ボイスコイルに電流が流れると、振動板は前または後ろに動く。広い周波数範囲《しゅうはすうはんい》で振動板が一様によく振動するように、振動板やボイスコイル、支持材の材質、形状、加工方法が工夫されている。

以上が「ダイナミック型」スピーカーのしくみであり、直径3cm程度の小型のものから、30cm以上の大型のものまである。

電気信号を音に変える

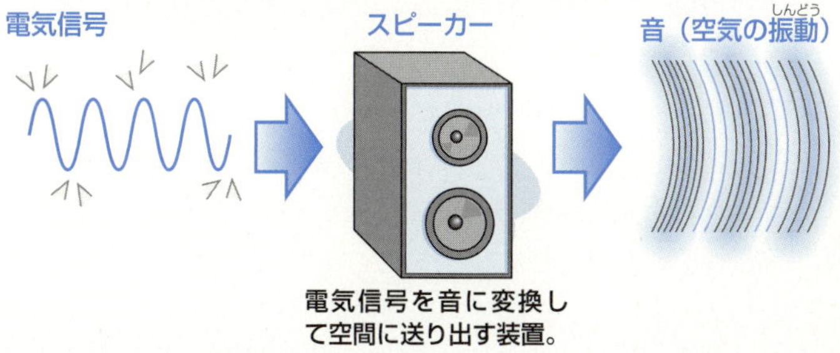

電気信号
スピーカー
音（空気の振動《しんどう》）
電気信号を音に変換して空間に送り出す装置。

スピーカーの原理

「磁界の中で電流を流すと、電線に力が働く」という性質を利用。

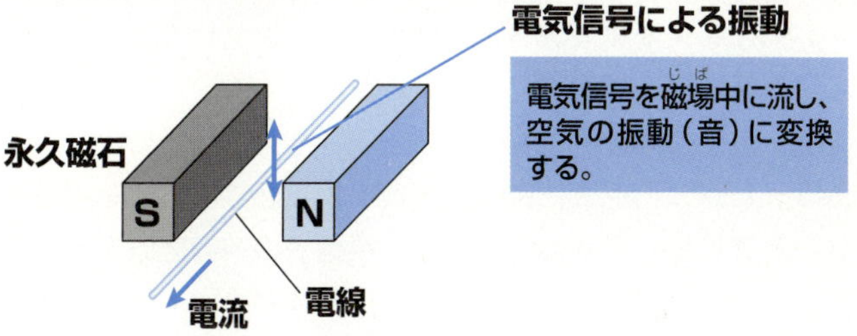

電気信号による振動
電気信号を磁場《じば》中に流し、空気の振動（音）に変換する。
永久磁石
S
N
電流
電線

ダイナミック型スピーカー

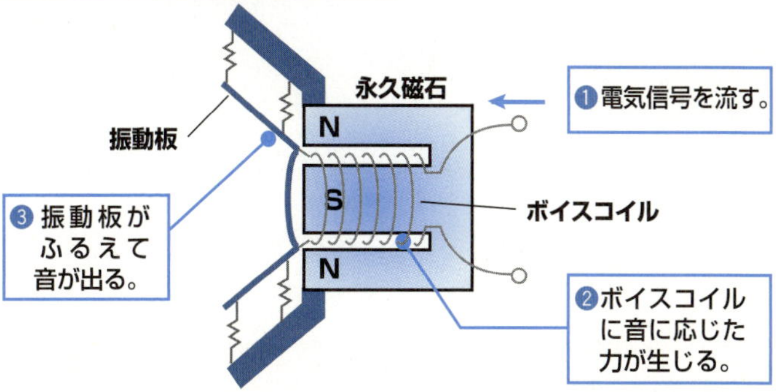

永久磁石
❶電気信号を流す。
振動板
N
S
N
ボイスコイル
❸振動板がふるえて音が出る。
❷ボイスコイルに音に応じた力が生じる。

スピーカーの役割分担

大きいスピーカーと小さいスピーカー

大きな楽器は低い音、小さな楽器は高い音と相場が決まっている。これは、小さな楽器の共振周波数《きょうしんしゅうはすう》が高いためであることはすでに述べた（76ページ参照）。

スピーカーでも、小さな軽い振動板《しんどうばん》ほど高い周波数でよく振動する点では同じだ。例えば、小さなラジオはチャカチャカと高めの音がする。逆に、大きな振動板は重たいので、高い音で振動しにくく高音を出すのは苦手だ。

このような共振周波数の特性以外にも、振動板の大きさと音の出方との関係を決める要因に空気の動きがある。

スピーカーの振動板は振動によって、空気を前後に動かすのが役目である。しかし、小さな振動板が低い周波数で振動する場合、わきにするりと逃げてしまう空気が多く、振動板の前の空気を十分圧縮したり引っぱったりできない。このため、音を効率よく送り出すことが難しい。結果として、小さなスピーカーは低い音を出すのには向かないのだ。

オーディオ装置のスピーカーボックスをみてみると、大小の2つのスピーカーがついていることがある。低音、高音の役割分担制である。低音用スピーカーを「ウーハー」、高音用を「ツイーター」と言っている。ものによりけりだが、大きさはウーハーで直径30cm前後かそれ以上、ツイーターは5cmくらいだろうか。中音用に3つ目のスピーカーを使う場合もある。いろいろな大きさの楽器で構成されている弦楽四重奏や音域の違う歌い手をそろえた合唱団と同じ発想だ。

また、1つのスピーカーでも、中央部に高音用の小さな第2の振動板がついているものもある。

大きさによるスピーカーの役割分担

高い周《しゅう》波《は》数《すう》の場合

小さいスピーカーが分担

●小さいスピーカー

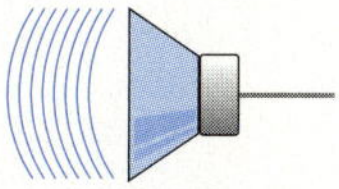

振動板が軽いので、振動数が高くてもよく振動するので効率よく音が出る。

●大きいスピーカー

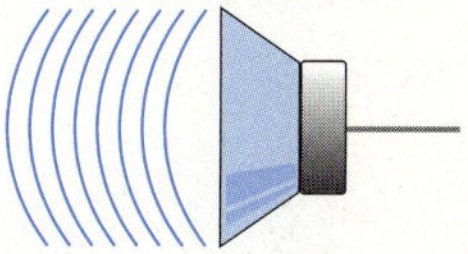

振動板が重いので、振動数が高いと振動しにくく効率よく音が出ない。

低い周波数の場合

大きいスピーカーが分担

●小さいスピーカー

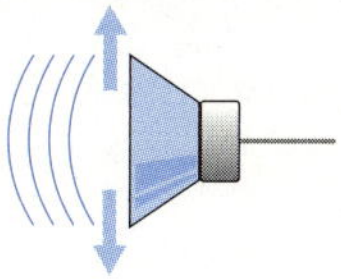

空気がわきへ逃げてしまい、空気の疎密変化を十分に起こせない。

●大きいスピーカー

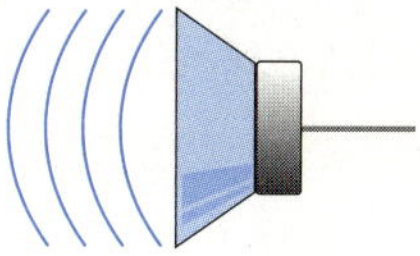

振動板が大きいので、ゆっくり動いても空気の疎密変化を起こせる。

オーディオ装置では大小2つのスピーカーを使用することがある。

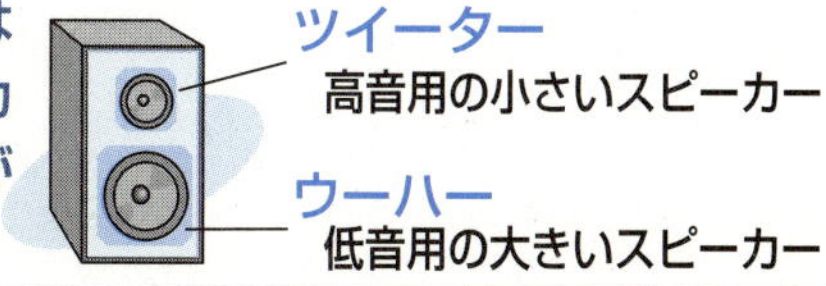

スピーカーは箱入り

スピーカーと空気の動き

ここで、スピーカーから空気中に音が出ていく様子を調べてみよう。

スピーカーの振動板《しんどうばん》が前に動いたとき、前方の空気は押し縮められ、プラスの音圧が生じている。ところが、裏から見れば振動板はへこんでいるので、後方の空気は引っぱられてマイナスの音圧が発生している。つまり、スピーカーの前後では反対向きの音圧が生じているのだ。

スピーカーを裸のままで鳴らすと、裏からの極性が逆の音が回り込み、正面から出ている音と打ち消し合ってしまう。この傾向は、「回《かい》折《せつ》」の効果によって、波長の長い低い音ほど目立ってくる。高い音の場合は、音が回り込みにくい上、音を聴いている場所と振動板の表と裏との距離の差が、波長に比べて大きくなるため、打ち消しは起こりづらい（→「回折」56ページ参照）。

スピーカーはたいていは箱に入っているが、これは上記のような裏から回ってくる音を封じ込めて、出ないようにするためだ。このため、この箱のことを「エンクロージャー（囲い込み）」と呼ぶこともある。音がもれないように、この箱は分厚いしっかりした材料で作る必要があるので、たいてい重たくなる。また、箱の中の反響を制御するために、吸音材であるグラスウール（ガラス繊《せん》維《い》の綿《わた》）が内側に詰めてある。

ところで、このような箱にスピーカーのついていない穴があいていることがある。これは、スピーカーの裏から出た音が回り道をして表から出るようにしているのだ。この穴から出てくる音は回り道をする分、時間的に遅れが生じる。この遅れによって、音圧のプラス・マイナスのタイミングが合うので、表裏の音が強め合って大きな音が出せるというわけだ。

スピーカーの箱の役割

箱で裏から回り込む音を封じ込める

●箱に入っていないと

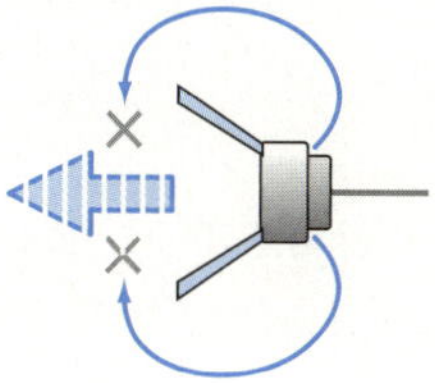

正面から出ている音を、裏から回り込んだ音が打ち消してしまう。

●箱に入っていると

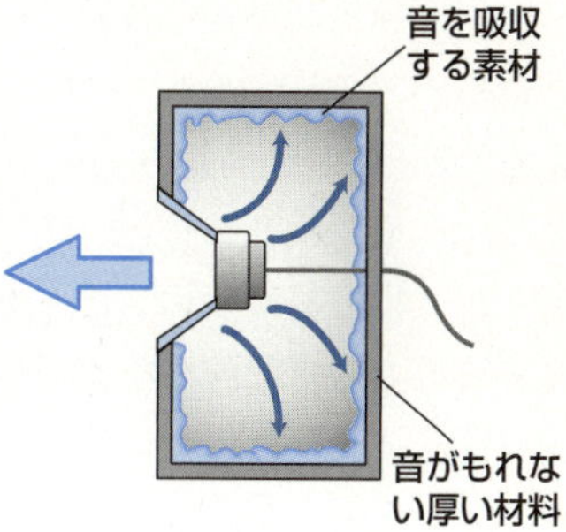

裏からの音は、閉じ込められて、前から出る音に影響しない。

スピーカーの箱の穴

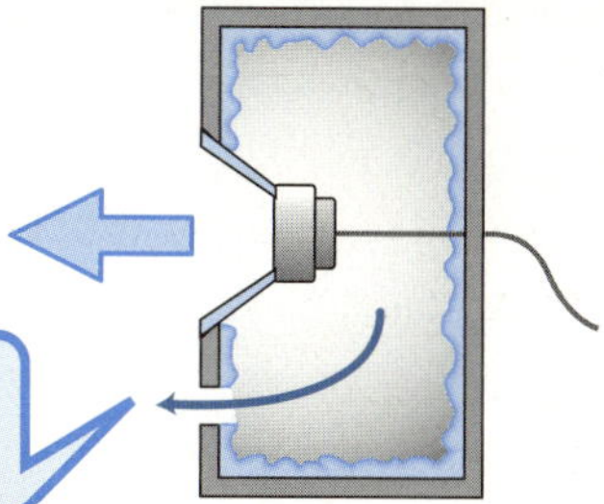

裏から出た音が、少し遅れて箱の穴から出る。
この遅れにより、表と裏の音が打ち消し合わず、むしろ強め合って大きな音を出すことができるようになる。

ステレオとモノラル

2つのチャンネル

ラジカセやオーディオコンポには、スピーカーが2つある。ヘッドホンステレオもイヤホンは2つだ。これが「ステレオ」であるのはよくご存じだろう。2つのスピーカーからは、それぞれ異なった音が出てくる。別々の音を位置が離れた2つのスピーカーで再生することで、立体的な音を聞かせようというのだ。

例えば、はじめは左のスピーカーからだけ音を出し、徐々に左の音を減らして右の音を増やしてゆくと、レーシングカーが目の前を左から右へ走って行ったように感じる。一方、小型ラジオなどはスピーカーが1つしかなく、これは「モノラル」と言う。

ところで、ステレオ放送もステレオ録音されたテープやレコードも、モノラルのラジオやプレーヤーで問題なく再生できる。左チャンネルだけ、右チャンネルの音だけということはなく、ちゃんと左と右の音が1つのスピーカーから出てくる。これはなぜだろう。

ステレオ放送や録音では、2つのマイクロホンで左と右の2つの音を取り込み、ステレオ情報をのせるための2つのチャンネルに記録する。このとき、それぞれのチャンネルに、左と右を別々に入れるわけではない。チャンネル1には、左の音と右の音の「和の信号（左＋右）」を、チャンネル2には「差の信号（左－右）」を入れるのだ。そして、再生するときには、左のスピーカーからはチャンネル1と2の信号を足し合わせた左の音を、右のスピーカーからはチャンネル1から2の信号を引いた右の音を出す。モノラル装置は、チャンネル1だけを出すので、左＋右の音が再生されるというわけだ。

レコードの場合、1本の溝の右側の斜面と左側の斜面に別の凸凹を刻むことで、2つのチャンネルを実現している。

ステレオのしくみ

ステレオ録音

左右2つのマイクから録音した音を、2つのチャンネルに記録する。

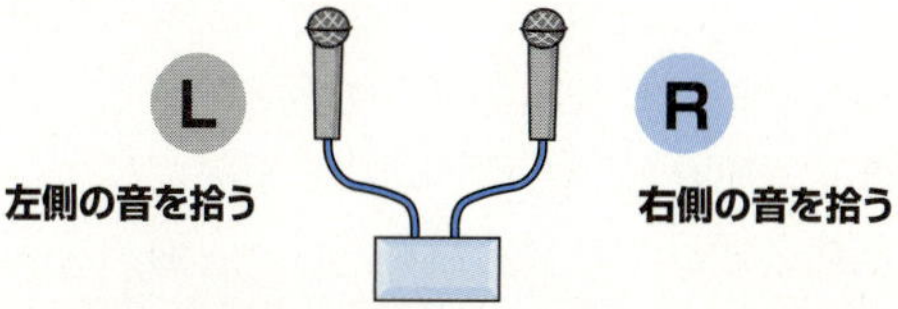
L
R
左側の音を拾う
右側の音を拾う

チャンネル1　L＋R
チャンネル2　L－R
を記録

ステレオ再生とモノラル再生

ステレオ再生

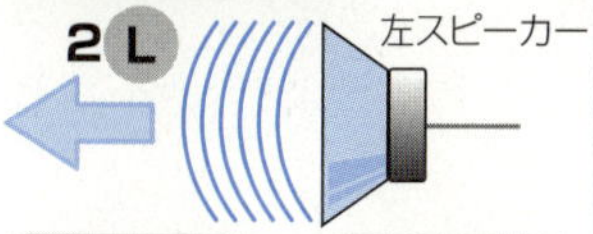
2L
左スピーカー

チャンネル1 ＋ チャンネル2
を再生する。

(L＋R)＋(L－R)
＝L＋R＋L－R＝2L

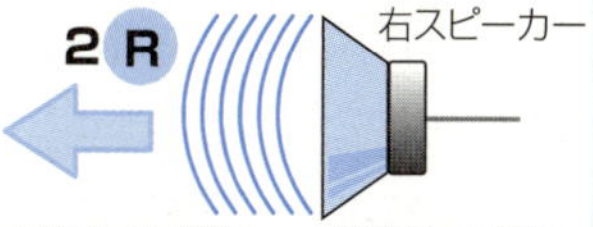
2R
右スピーカー

チャンネル1 － チャンネル2
を再生する。

(L＋R)－(L－R)
＝L＋R－L＋R＝2R

モノラル再生

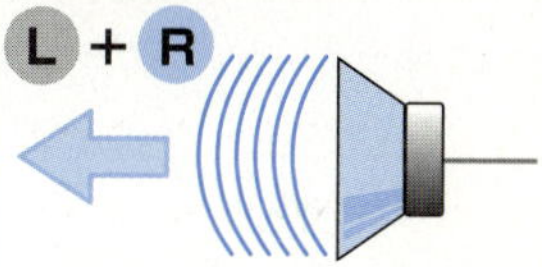
L＋R

チャンネル1 だけを再生する。

＝L＋R

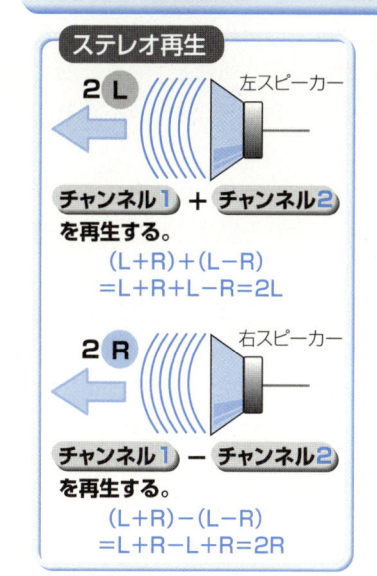

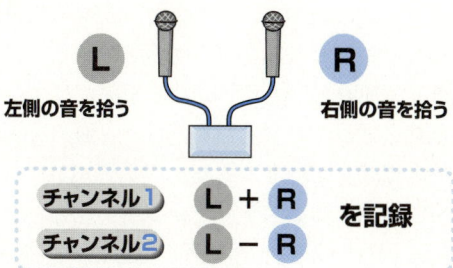

テープレコーダーのしくみ

磁気を用いた録音

　レコードはエジソンの発明によるもので、円筒や円盤の表面に刻んだ溝の深さやうねりとして音を記録したものであることは述べた。

　レコード録音には原盤に溝を切る「カッティングマシーン」が必要だ。このため、録音はレコード会社で行い、一般の人は録音済みのレコードを買ってきて聴くだけであった。

　一方、誰でも録音できるのがテープレコーダーだ。テープレコーダーは、音の記録に粉末状の磁性体《じせいたい》を薄く塗ったテープを使っている。磁性体とは、磁界を加えると磁石となる性質を持つ材料のことで、鉄も磁性体である。針を磁石でこすると、磁石になることを思い出そう。

　テープレコーダーでは、マイクロホンで得られた音に応じた電流を電磁石に流し、その電磁石をテープにこすりつけることで、音に応じた磁性の強弱をテープの上に記録する。テープはモーターによって一定速度で電磁石の上を通るようになっている。

　記録した音を再生するときには、鉄心に導線を巻いたコイルのそばにテープを通すことで、テープに記録された磁性の強弱を電気信号としてコイルから取り出す。コイルのそばで磁石を動かすと、電流がコイルに流れるのは発電機の原理だ。この電気信号を増幅してスピーカーを動かせば音が再現されるわけだ。

　磁気録音の開発は最初ドイツで進んだが、日本人の発明した「フェライト」という高性能の磁性体によって性能が上がった。また、プラスチックのケースにテープがリールごと収められた「カセットテープ」が売り出されてから、一般家庭や個人の間に急速に普及した。携帯型の録音再生機、いわゆる「ヘッドホンステレオ」が発売されてから、普及にいっそう拍車がかかった。

録音と再生

録音するとき

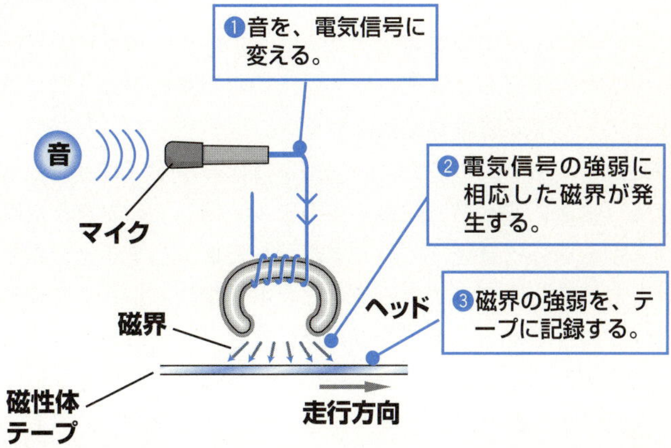

❶音を、電気信号に変える。
音
マイク
❷電気信号の強弱に相応した磁界が発生する。
ヘッド
❸磁界の強弱を、テープに記録する。
磁界
磁性体テープ
走行方向

再生するとき

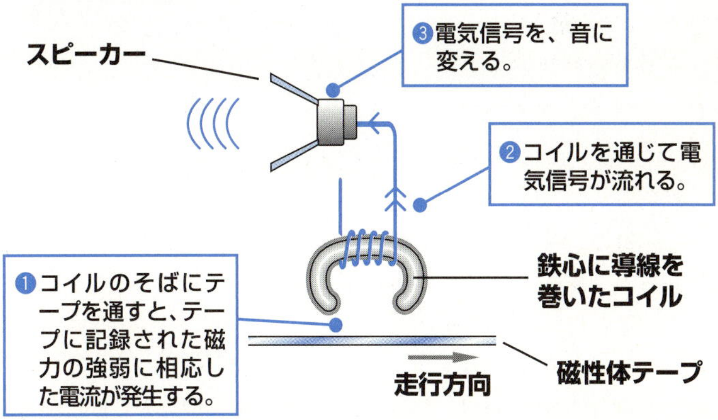

❸電気信号を、音に変える。
スピーカー
❷コイルを通じて電気信号が流れる。
鉄心に導線を巻いたコイル
❶コイルのそばにテープを通すと、テープに記録された磁力の強弱に相応した電流が発生する。
走行方向
磁性体テープ

アンプのしくみ

電気信号を大きくする

マイクロホンの出力電圧はたいへん小さく、スピーカを元気良く鳴らすことはできない。そこで、電圧や電流を波形はそのままで、振れ幅を大きくする装置が必要になる。これがアンプ（アンプリファイア、増幅器《ぞうふくき》）である。ここでは、図のように貯水槽《ちょすいそう》（電池）から流れ出る水流（電流）を水門で調整するモデルでアンプの動作を説明する。水門は小さな力（電圧）で動かすことができるとすると、小さな力を大きな流れ変化に変換できることになる。電気でこれを実現するのがトランジスタである。トランジスタにはベース、コレクタ、エミッタの3本の端子《たんし》がある。ベースからエミッタに小さな電流を流すと、その100倍程度の電流がコレクタからエミッタに向かって流れる性質をもっている電子部品である。ベースのわずかな電流変化でコレクタの電流が大きく変わる。このトランジスタの作用によって、マイクロホンの小さな信号を電池からの電流の大きな変化にすることがでる。電流で電流を調整するトランジスタをバイポーラトランジスタといい、電圧で電流を調整するトランジスタを電界《でんかい》効果型トランジスタ（FET）という。FETの端子はゲート、ドレイン、ソースという。トランジスタが1947年に発明される以前は真空管がこの役割をになっていたわけである。

必要な信号の大きさにするのに、この増幅回路を何段も用いることになるし、波形を乱さずに大きくするようにトランジスタを動作させるためには、他の部品も組み合わせた少し複雑な回路になる。今日ではそれらを小さな1つの部品上に搭載《とうさい》した集積回路《しゅうせきかいろ》（IC）が使われている。アンプだけではなく私たちの周囲の電気製品にもこのようなICが多数使われている。

電気信号を大きくする

音の電気信号を増幅する原理

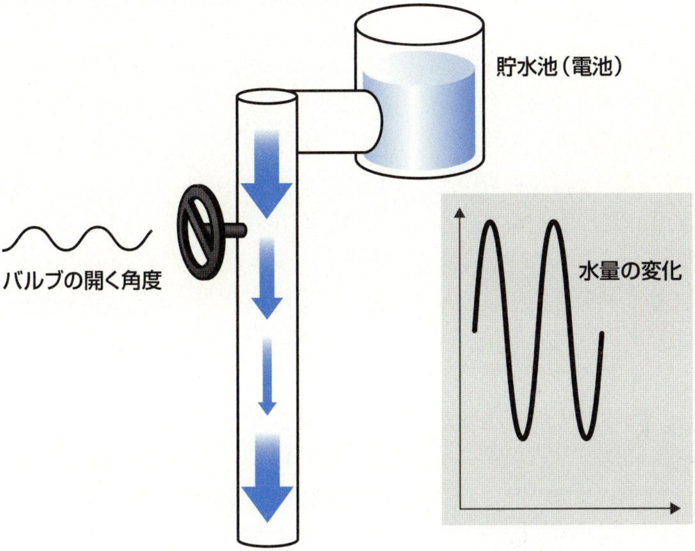

貯水池（電池）
バルブの開く角度
水量の変化

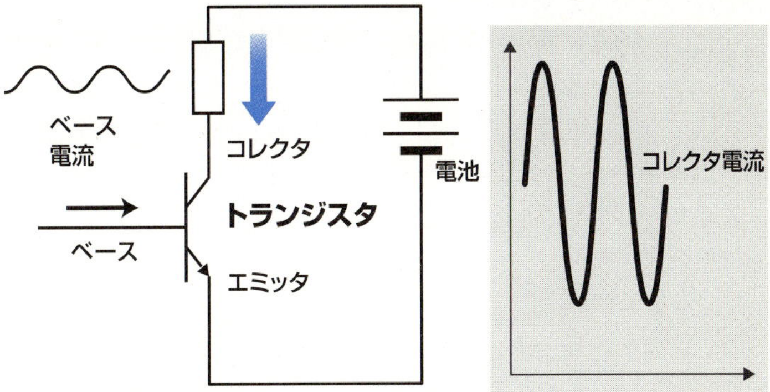

ベース
電流
コレクタ
電池
トランジスタ
ベース
エミッタ
コレクタ電流

アナログから デジタルへ

デジタルとは？

これまで述べた録音法は、音の信号の形をそのまま忠実に、溝の凸凹やテープの磁《じ》性の強弱として複製したもので、「アナログ」記録と言われている。これに対し、現在ではCDやDVD、MDのような「デジタル」記録が全盛になっている。また、電話をかければ、好むと好まざるとに関わらず、どこかのデジタル回線を通るのが普通だ。知らず知らずのうちに、あなたの声はデジタル化されているのだ。

では、デジタルとはどういうことなのだろう。音の物理的な性質の話からは脱線するが、今日の音響技術はデジタルなくしては成り立たないので、ここで少し説明しよう。

アナログでは、原音と相似《そうじ》な電気信号をつくって、相似な形をそのまま伝送したり記録したりする。それに対し、デジタルではある約束に基づいて信号を「1」「0」のみの数字から成る符号に変換し、その符号の形で伝送や記録を行うのだ。音に戻すときは、この符号を解読して元のアナログ信号をつくり出す。

なぜ、こんなに面倒なデジタルが広く使われるのだろう。その理由は2つある。ひとつは、いったん符号化してしまえば、品質が落ちにくく、完璧な複製を作ることも可能であることだ。また、雑音にも強い。これは、全ての信号が四捨五入されて0か1になるので、0.1の雑音が入っても、0.9は1であるし、0.1は0であるからだ。0.5以下の変動は関係ない。ところがアナログでは、0.1の雑音が入ったら、1の信号は10％も値が変化してしまうことになる。もうひとつの利点は、信号の量を圧縮できることだ。デジタル符号はそのまま数学的な処理ができるので、ひとつのチャンネルで複数の番組を流すことができたり、同じ容量でも長時間の録音が可能であったりする。

アナログとデジタル

デジタルとアナログの違い

アナログ

音波は、それと相似《そうじ》な連続した波形《はけい》で表現される。

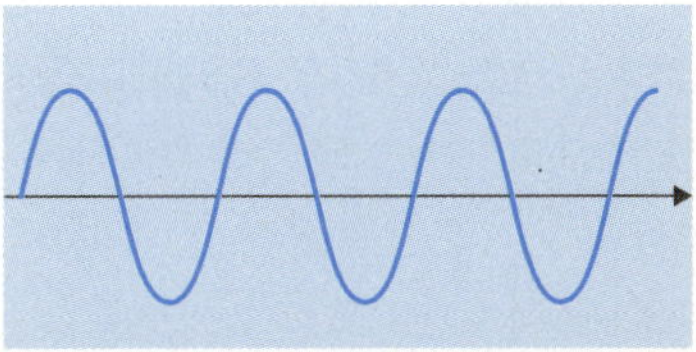

デジタル

音波は、不連続な点の集まりで表現される。それぞれの点は、0と1からなる符合に変換される。

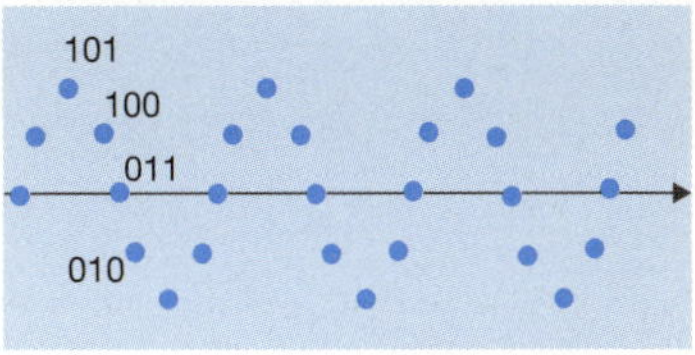
101
100
011
010

デジタルは雑音に強い

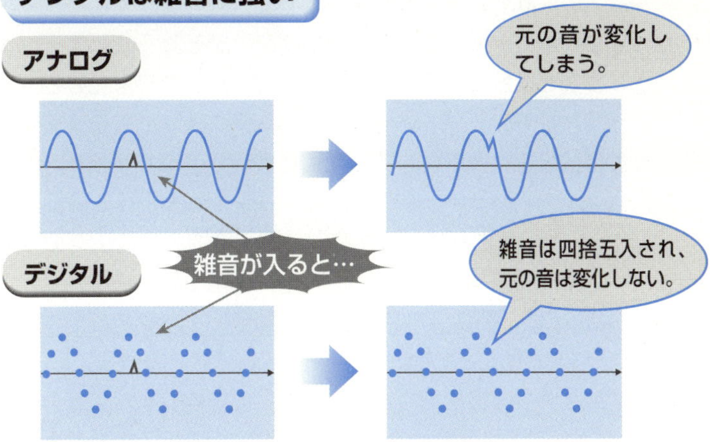
アナログ
元の音が変化してしまう。
雑音が入ると…
デジタル
雑音は四捨五入され、元の音は変化しない。

デジタルはアナログと比較すると雑音に強く、劣化しにくい。
また、完璧な複製をつくることができる。

デジタル化の方法

サンプリングと量子化

アナログ方式では、時間的に連続している信号を用いる。一方、デジタルではある一定の時間間隔でとびとびに符《ふ》号《ごう》化《か》を行う。これを「サンプリング」と言い、1秒間に行うサンプリングの回数を「サンプリング周波《しゅうは》数《すう》」と言う。基本的には、対象とする音の最高周波数の2倍以上のサンプリング周波数が必要で、これで再生できる周波数が決まる。普通、サンプリングした電圧は半端な値だが、次にこれを四捨五入してとびとびの値に揃える（「量子《りょうし》化《か》」）。さらにこの値を「0」と「1」から成る2進数の符号に変換する。何桁の符号を使うかによって量子化の度合いが異なってくるが、これを2進数の桁数「ビット」を使って、「8ビット」、「12ビット」のように表す。このように、サンプリング周波数とビット数によって、元の信号をいかに詳しく符号化したかが決まる。逆に言うと、サンプリングと量子化によって信号は劣化したことになる。しかし、劣化するのはこの符号化のときだけで、いったん符号化してしまえば、それ以降の過程での雑音などによる信号劣化は起こりにくい。この理由は前項で述べたとおりだ。

CDではプラスチック製の円盤にミクロン単位の大きさの凸凹として「0」「1」が記録されている。レーザー光線をあてて、その反射光の有無から凸凹を読みとって、「0」「1」の信号を取り出す。

CDでは、人間に聞こえる最高周波数20kHzを記録するために、サンプリング周波数として44.1kHzが選ばれており、理論的に必要な40kHzよりも少し余裕を持ったものになっている。また、量子化ビット数は16である。16ビット、すなわち2進数16桁で表現できる数は10進数で0から65535までであり、音圧を表現する精度が65536段階ということになる。

符合化の手順

元の波形（アナログの波）

時間的に、連続した信号である。

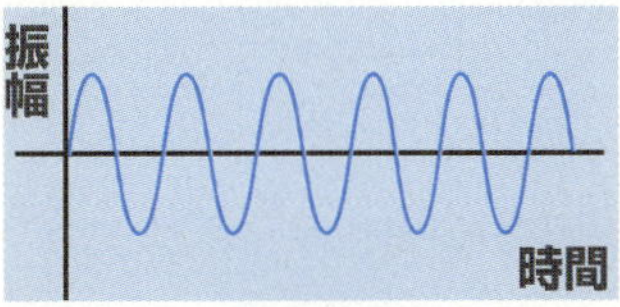

❶サンプリング

一定周期ごとにとびとびに値を取り込む。

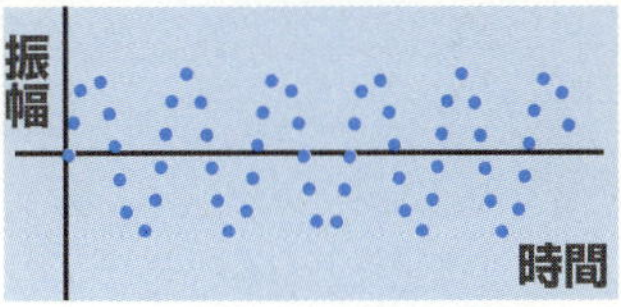

サンプリング周波数
1秒間に取り込む数

❷量子化

値を四捨五入して、階段状のとびとびの値に揃える。

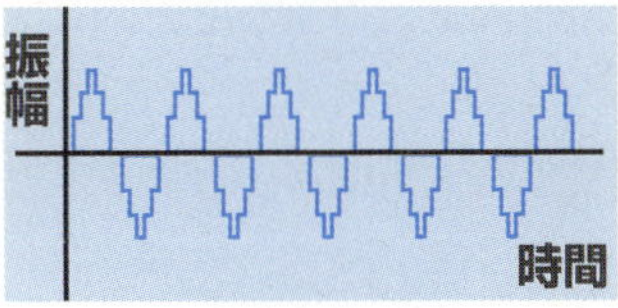

量子化ビット数
階段の細かさ

❸二進数に変換

0と1とから成る数字に置き換える。

100,101,110,111,110,101,100,
11,10,0,……

AM波とFM波

電波で音を運ぶ

周波数《しゅうはすう》の高い電気信号は電線がつながっていなくても、空間を飛んで行く。これが「電波」だ。電波は、毎秒30万km（1秒間で地球を7周半）という高速で伝わる。3MHz～30MHzの短波帯電波は、条件によっては地球の裏側にもとどく。

電気信号の強弱で音が送れるのと同様、電波でも音を送れる。つまり、音圧の時間変化と同じように電波の振幅《しんぷく》を変化させればよい。この方法を「振幅変調《しんぷくへんちょう》（AM）」と言う。実際には、音波で直接電波の振幅を変化させることは難しいので、いったん電気信号に変換し、その電気信号で送信機の出力を変化させる。受信側では、電波の振幅変化を電圧変化に変換する回路によって、電波から電気信号を読み出す。これを「復調《ふくちょう》」と言う。この電気信号でスピーカーを鳴らすのだ。

AMに対して、「周波数変調《しゅうはすうへんちょう》（FM）」という方法がある。電波の周波数は音の周波数よりもずっと高いのが普通だが、音圧の時間変化に応じて、電波の周波数を変化させてやる。この方法では振幅は変化しない。雷や他の電気機器から発生する雑音電波は、普通、放送電波に振幅変化として加わる。したがって、AM受信機では雑音がそのまま聞こえてしまうが、周波数変化に応答して振幅変化には反応しないFM受信機ではこのような雑音は出力されない。これが、FM波が雑音に強い原理である。

このように、電波に音を乗せる方法には2種類あるが、どちらもトラックに荷物を載せるのとはわけが違う。音が乗った電波は、電波であって音ではない。電波の性質で空間を伝わっていく。音がとどかないはずの外国の音楽やニュースをラジオで聞けるのは、このためだ。

音を電波にする

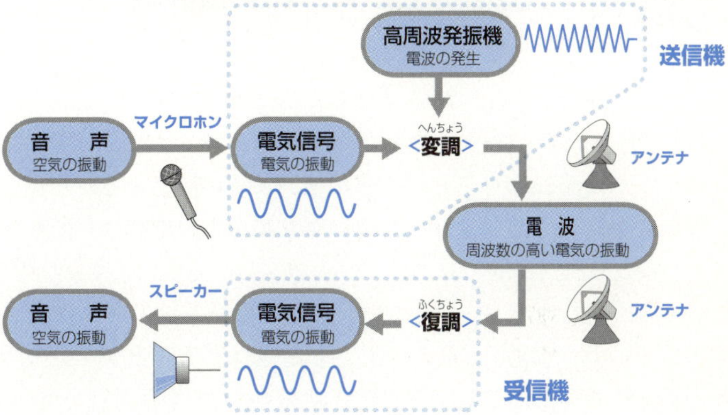
高周波発振機
電波の発生
送信機
音　声
空気の振動
マイクロホン
電気信号
電気の振動
<変調《へんちょう》>
アンテナ
電　波
周波数の高い電気の振動
アンテナ
スピーカー
音　声
空気の振動
電気信号
電気の振動
<復調《ふくちょう》>
受信機

AMとFM

AMとFMでは、音声信号を電波へと変化（変調）させる方式が異なる。

●AM(Amplitude Modulation)

音声信号の変化を、電波の振幅の変化にする方式。

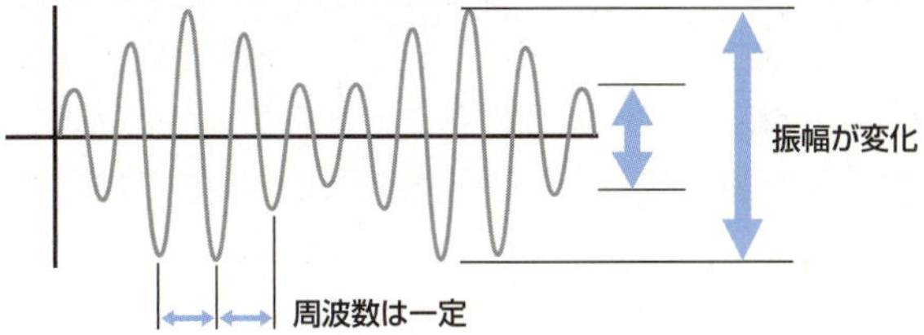
振幅が変化
周波数は一定

●FM(Frequency Modulation)

音声信号の変化を、電波の周波数の変化にする方式。

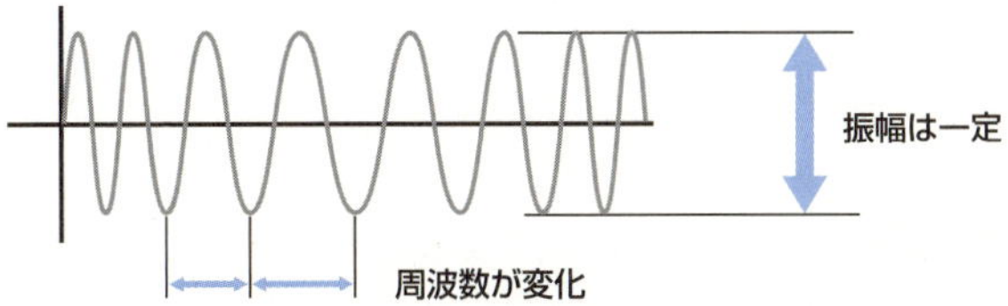
振幅は一定
周波数が変化

デジタルデータの強化と音の圧縮

雑音に強く記録する、かさばらないように記録する

CDで行われているデジタル的な音のとり扱いについて述べたが、このデジタルデータをさらに雑音に強いように加工してから記録している。簡単にいうと、よけいなデータを加えて、雑音で一部が失われても、後から補えるようにしている。例えば、宛名の「東京都町田市」という部分が消えても、郵便番号「194-」が書いてあれば大丈夫なのと似ている。なお、CDの「0，1」信号はプラスチック板の間のアルミ箔《はく》に小さな凸凹として書き込んであるので、CDプレーヤーでは、光の反射があるかないかで、0，1を読み取っている。

一方、MDやパソコン、メモリーレコーダーでは、デジタルデータの分量を圧縮してから記録している。この圧縮には、人間の聴覚の性質をうまく利用している。すなわち、ある音があるために他の音が聞こえなくなるという「マスキング」（150ページ参照）を利用するのだ。音を周波数分析して（94ページ参照）、各スペクトルに分け、マスキングにより聞こえなくなるスペクトルを省いて記録する。こうすることで、元の音の10分の1くらいの分量まで圧縮して記録することができる。逆に言うと、同じ容量の記録媒体《ばいたい》に10倍の量の音を入れることができる。音楽であれば、演奏時間が10倍になるわけだ。このような方式の代表がMPEG（エムペグ）といわれるもので、DVDの音声も、デジタル放送の音声もこの方式である。ただし、人に聞こえないところを削除しているので、波形やスペクトルを見てみると、原音とは異なっていることになる。しかし、耳で聞くと区別がつかない。ある意味で、耳を「だまして」いることになるわけである。

一方、携帯電話の音声もデジタル圧縮して送信しているが、これは、波形の変化を予測するような方法がとられている。

デジタルデータの処理

誤りを訂正する符号のしくみ（誤り訂正技術）

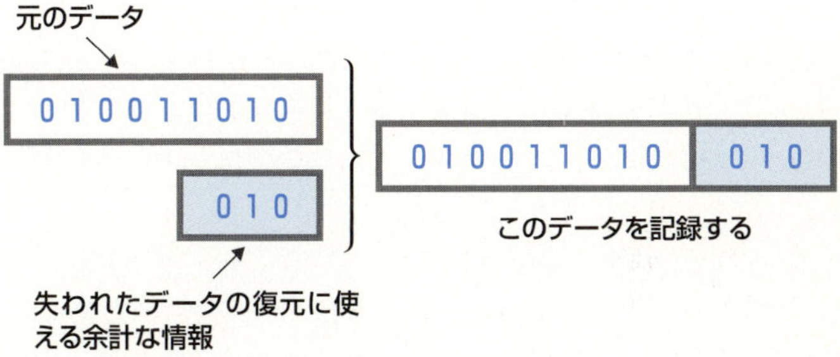
元のデータ
010011010
010
010011010
010
このデータを記録する
失われたデータの復元に使える余計な情報

音情報の圧縮のしくみ（高能率符号化）

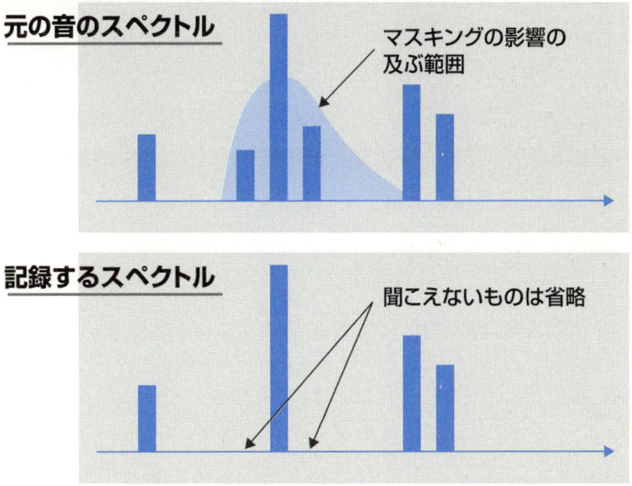
元の音のスペクトル
マスキングの影響の及ぶ範囲
記録するスペクトル
聞こえないものは省略

デジタルサラウンド

臨場感のあるホームシアター

立体感のある音を出すために、2つのマイクロホンで2つの音を記録して2つのスピーカーで再生する「ステレオ」についてはすでに述べた（p.176参照）。これを増やして4つのスピーカーにした4チャンネル・ステレオというのもあった。

これが、デジタルの時代になり、DVDプレーヤーが普及すると、5.1chサラウンドシステムといわれる方式が家庭用にも売られるようになった。「5.1」とは半端な言いかたであるが、これは、5つの小形スピーカーにさらに低音専用スピーカー1つがついたシステムである。5ch分の音と「0.1ch」分の低音成分を録音している。正面、前の左右、後方の左右に配置した5つのスピーカーから出す5つの音、5ch分の低周波成分だけを取り出したものと0.1chの低音を合わせて6つ目の低音用のスピーカーを鳴らす迫力のある音で臨場感を出す。低い音は、方向性がないので1つのスピーカーでよいが、方向がわかる音は、聴く人をとり囲んだ5つのスピーカーから出すのだ。アクション映画など、いろいろな方向から音がしたり、ものが動いたりするシーンで効果がある。

この音データはもちろんデジタル的に記録されているわけであるが、いくつかの方式がある。「ドルビー」はもっとも有名な方式で、映画などの低雑音な録音方式から発展してきたものである。映画の最後のクレジットをずっと見ていると、「Dolby（ドルビー）」の文字が出てくる。また、DTS（デジタル・シアター・システム）という方式もあって、これも映画の最後でそのロゴを見ることができる。

いずれにしても、これだけの音をその効果を考えて録音しなくてはならないので、制作者の腕の見せどころである。

デジタル時代の臨場感
――5.1チャンネル・サラウンド

6つのスピーカーが臨場感を生む

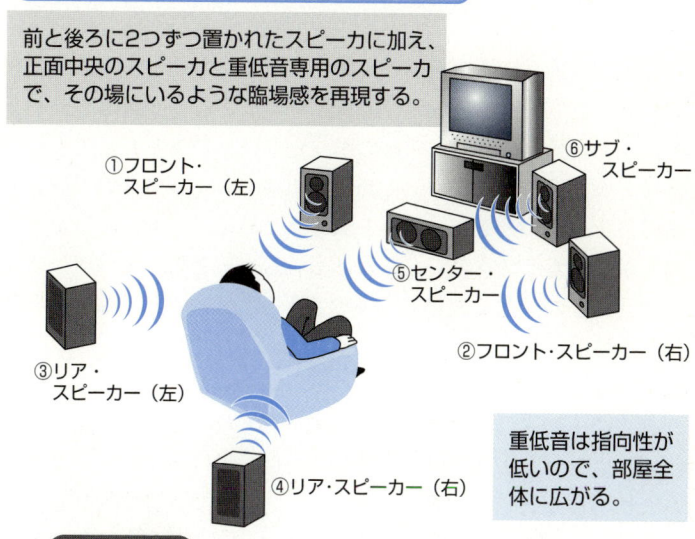

前と後ろに2つずつ置かれたスピーカに加え、正面中央のスピーカと重低音専用のスピーカで、その場にいるような臨場感を再現する。

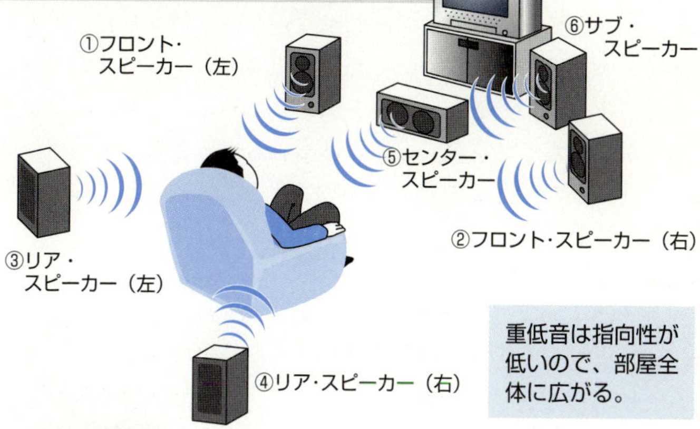

①フロント・スピーカー（左）
②フロント・スピーカー（右）
③リア・スピーカー（左）
④リア・スピーカー（右）
⑤センター・スピーカー
⑥サブ・スピーカー

重低音は指向性が低いので、部屋全体に広がる。

例えば…

5.1チャンネルで、音が頭のまわりを飛びまわるようすを時間で表すと――

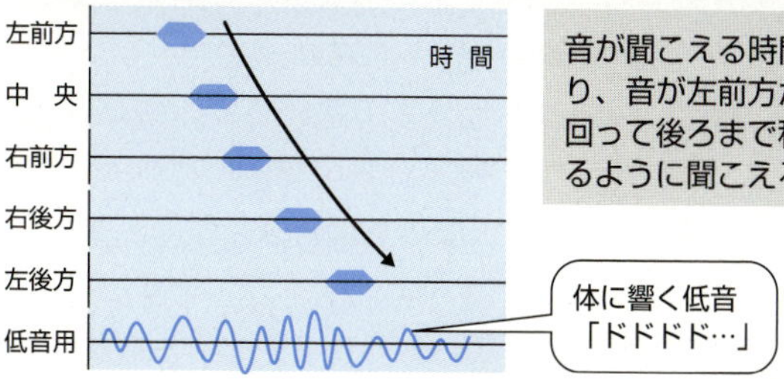

左前方
中　央
右前方
右後方
左後方
低音用
時　間
体に響く低音「ドドドド…」

音が聞こえる時間の差により、音が左前方から正面を回って後ろまで移動しているように聞こえる。

体に響く重低音は、あまり移動しているようには聞こえない。

光ファイバーが音を伝えるしくみ

光通信

音の強弱を信号にする技術は、電気だけではない。現在急速に普及が進んでいるものに、音を光の信号として伝える「光通信」がある。

ところで、最近よく耳にするのが「光ファイバー」だ。これは、電気信号を伝える電線にかわって光通信に使われる、光を導く細いガラス繊維のことだ。光を使って音を伝えるためには、音に応じた光の強度変化をこのガラス繊維で伝えればよい。もっとも、今日では音をいったんデジタル信号に変換し、その0と1に応じて光をつけたり消したりする方式がほとんどだ。

光ファイバーは太さ0.1mm強という髪の毛ほどのガラス繊維で、その細さの中でさらに二重の構造になっている。外側は「クラッド」と呼ばれ屈折率《くっせつりつ》が小さいガラスで、中心部分は「コア」と呼ばれ屈折率が大きいガラスでそれぞれできている。このコアの中を光が伝わるのだ。クラッドとコアとの境目で光は反射し、この反射を繰り返して遠くまで伝わる。今日の光ファイバーは、1キロメートル先でも光の強さが5％ほどしか弱まらないほど透明度が高いものなので、中継所を設けなくても、何十kmも遠くへ信号を送れる。

また、最大の利点は電線に比べ、1本でより多くの回線に使えることだ。これは、光の周波数《しゅうはすう》が他の電気信号や電波に比べてはるかに高く、デジタルの0と1を1秒間に十億回も切り替えができるからだ。

現在では、海底ケーブルも光ファイバーになっている。日本列島を縦に貫く電話回線の幹線は1997年に全て光ファイバーになったので、あなたの声もすでに何度も光ファイバーの中を通っていることだろう。現在、幹線から電話局までの支線、あるいは電話局から家庭までの末端に至るまで光ファイバー化しようという計画が進んでいる。

光ファイバーと音

光ファイバーは二重構造

光ファイバーは、屈折率の違う2種類のガラスでできている。

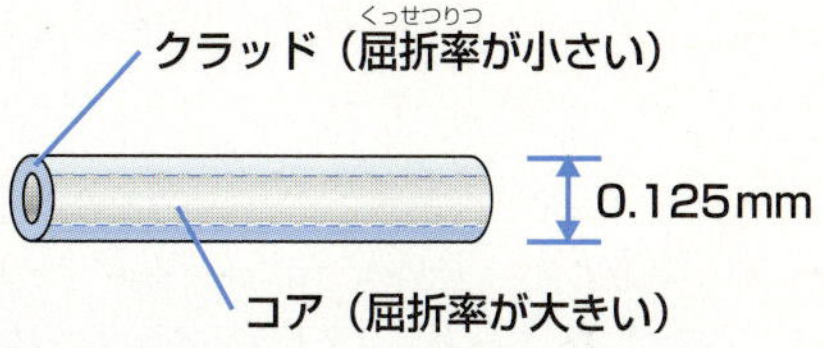

クラッド（屈折率《くっせつりつ》が小さい）
0.125mm
コア（屈折率が大きい）

レーザー光線を光ファイバーに導くと、
光はコアの中を反射して進む。

光通信のしくみ

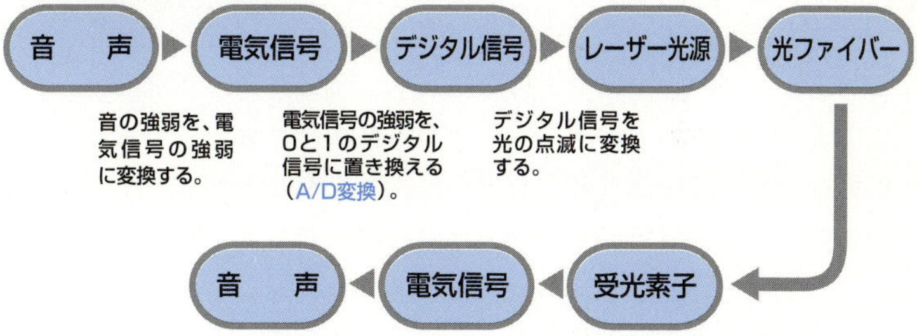

音　声
電気信号
デジタル信号
レーザー光源
光ファイバー
音の強弱を、電気信号の強弱に変換する。
電気信号の強弱を、0と1のデジタル信号に置き換える（A/D変換）。
デジタル信号を光の点滅に変換する。
受光素子
電気信号
音　声

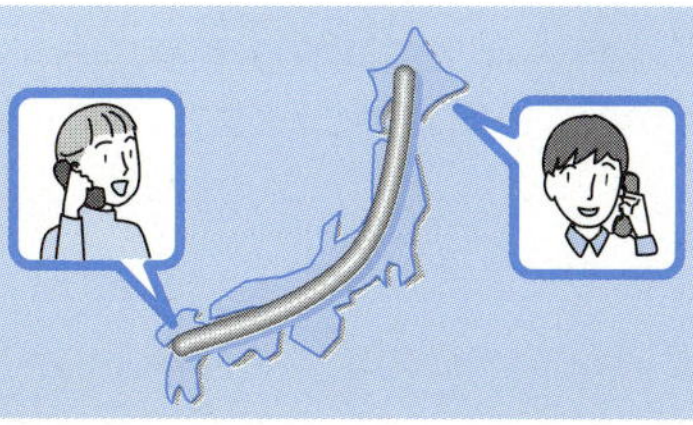

日本の電話回線の幹線は、すべて光ファイバーになっている。さらに、家庭までの光ファイバー化が、計画されている。

マルチメディア時代の音響技術

リアルな音の再現技術

人は耳たぶのみならず、頭の形で音の聞こえ方が異なることを述べた（146ページ参照）。すると、マイクロホンを2つ使ったステレオ録音をしても、空中に2本のマイクロホンをぶら下げただけでは、実際に人間が聞いているのとは違った音が録音されてしまうことになる。そこで、「ダミーヘッド」という人間の頭の模型をつくって、その両耳にマイクロホンを埋め込んだ装置が使われることがある。おもしろいことに、この模型は、鼻など顔のつくりを実物に近くしたり、あるいは大げさにつくったほうがよい結果が得られるという。こうして録音した音をヘッドホンで聴くと、実際に現場で耳で聞いたのに近い音が得られるのだ。これは「バイノーラル録音」と言うが、ヘッドホンを用いてしか効果が顕著に現れないのが欠点である。

一方、裸のマイクロホンで無《む》響《きょう》室《しつ》（138ページ参照）で録音した音にコンピューター上で信号処理を行って、頭の音響特性を織り込むこともできる。また、どこかのホールの音響特性を測定しておけば、その特性も計算で組み込むことができて、あたかもそのホールで聞いている状態を再現できるのだ。ホールの設計図から音響特性が計算できれば、ホールができあがる前にそのホールの音を聞くこともできるわけだ。

また、ヘッドホンではなく、スピーカーを使ってできるだけ多くの人に、できるだけ現実に近い音を再生する技術の開発も進んでいる。

現在では、人間の聴覚に関する新しい知識やデジタル技術を使って、より高度にリアルな音を実現しようというこころみが行われている。これが実現すると、本当にすぐ後ろでささやかれているように聞こえたり、頭のまわりを鳥が飛んでいるように聞こえる効果もつくり出すことができるようになる。

音のバーチャルリアリティ

バイノーラル録音

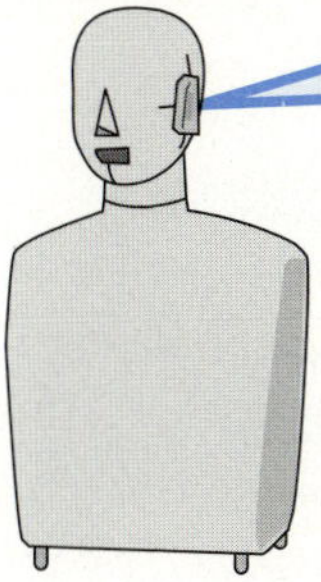

耳の穴には、マイクロホンが、埋め込まれる。

●ダミーヘッド

バイノーラル録音した音声をヘッドホンで再生すると、現場で聞くのと近い音が得られる。

音の加工による再現

無響室で録音する。

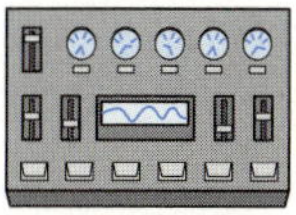

録音した音を加工。ホールの音響特性を組み込む。

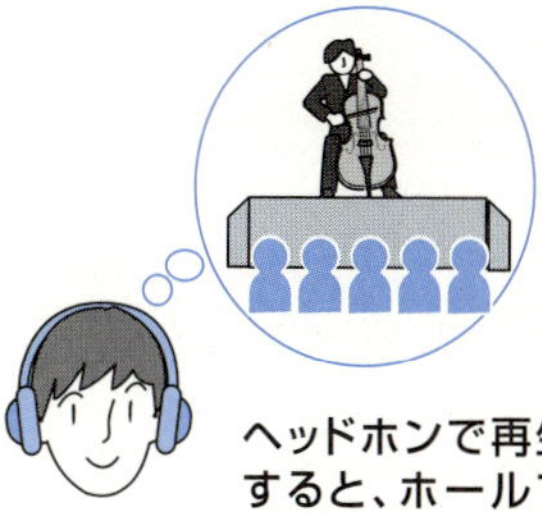

ヘッドホンで再生すると、ホールで聞くのと近い音響が得られる。

▶電話を発明したグラハム・ベル

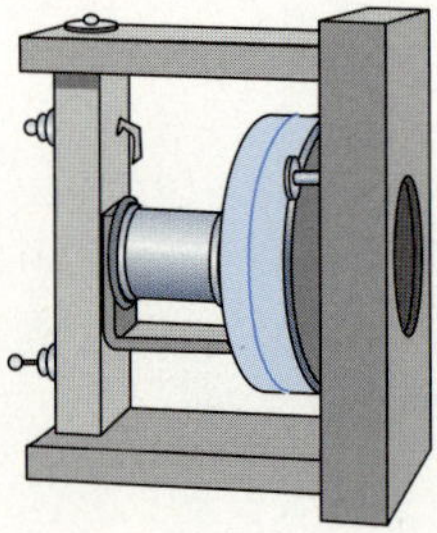

「ワトソン君、ちょっと来てくれたまえ。」

これが、1876年、世界ではじめて電話を通して伝えられた人間の声であることは、その発明者アレキサンダー・グラハム・ベルの伝記で有名だ。

電話を発明したことから技術者だと思われがちだが、ベルの家は言語学者の家系で、本人もろうあ学校で発声を教えていた。そして、ベルの夫人も会話が不自由であった。ベルが電話を発明したのには、会話の不自由な人を助けようという側面もあったのではないだろうか。

しかし、この時代は、電信網が急発展していた時代であり、エジソンをはじめとする多くの人々によって、電信の延長線上で電話の発明・開発が進められていた。ベルはこうしたライバル達と特許紛争を含めた激しい競争をすることになるのだ。

その後もベルの研究所（通称「ベル研」）は、電話のみならずトランジスタの発明など多くの成果をあげている。また、ベルの名は、単位dB（デシベル）として今日に残っている。

第6章

超音波と音の技術

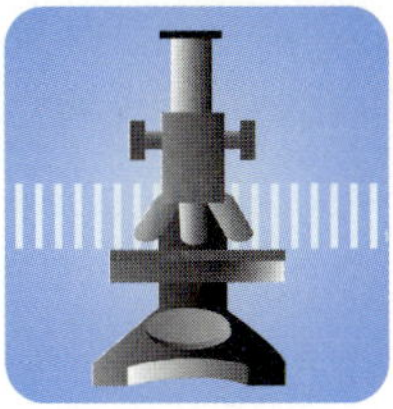

超音波を利用する①

超音波による計測

20kHz 以上の音波を超音波《ちょうおんぱ》と呼ぶことは、本書のはじめで述べた。音速を周波数《しゅうはすう》で割り算すれば波長が求められるが、超音波の波長は空気中で 1.7cm 以下、水中で 7.5cm 以下ということになる。

可聴音《かちょうおん》と比べて周波数が高く、波長が短いという特徴から、超音波にはさまざまな性質がある。例えば、波長が短いため、回折《かいせつ》せずに直進する性質が強い。回折とは、壁の陰に音が回り込んだり、穴から抜けてきた音が広がったりする現象だ（56ページ参照）。超音波は回折が少ないので、細いビームにしたり、一点に集めたりしやすい。

また、周波数が高いので、時間的に短いパルス音をつくりやすい。

このような性質から、超音波はセンサーや非破壊検査《ひはかいけんさ》、医用診断《いようしんだん》、魚群探知《ぎょぐんたんち》などに利用されている。これらはどれも原理は同じで、超音波版レーダーと考えればよい。すなわち、ピッというような短い時間のパルスを送り出して、反射波が戻ってくるのにかかる時間を計測し、反射物体までの距離を求めるわけだ。超音波は液体中や固体中でもよく伝わるので、電波が入り込めない金属や水中、人体中でも利用できる。また、電波に比べて速度が遅いので、反射時間の測定がやさしいという特徴もある。

周波数の低い可聴域の音波では、回折によって音が曲がったり広がったりするので反射体の位置がわかりにくいが、超音波はまっすぐ進むので、反射体にねらいを定めることができる。また、高い周波数ほど回折が少なく、ねらいが正確になるので、位置をくわしく知ることができる。その反面、周波数が高くなると、伝わる途中で媒質《ばいしつ》にエネルギーを吸収されやすく、はやく弱まってしまうので、あまり遠くに音を伝えられなくなる。

超音波の性質

超音波《ちょうおんぱ》と可聴音《かちょうおん》の違い

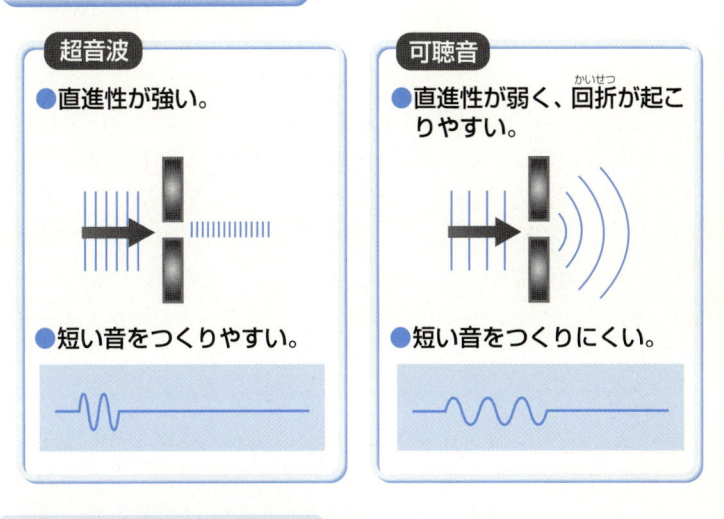

超音波

● 直進性が強い。

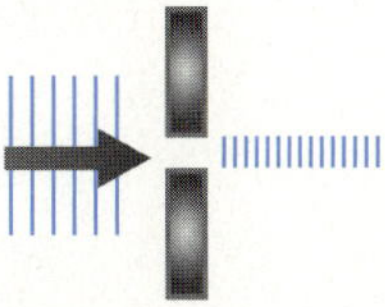

● 短い音をつくりやすい。

可聴音

● 直進性が弱く、回折《かいせつ》が起こりやすい。

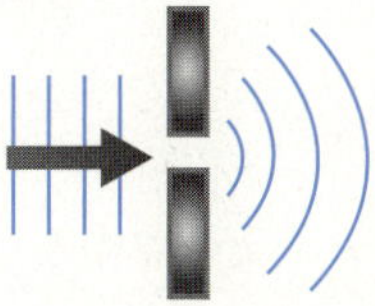

● 短い音をつくりにくい。

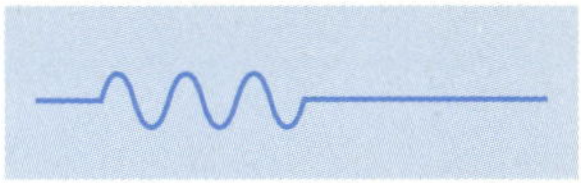

超音波で距離を計測する

短いパルス音の超音波を送り出し、目的の物体から反射して戻るまでの時間を計測する。この時間をもとに、物体までの距離を求める。これがソーナー（SONAR）などの超音波計測の原理だ。

$$距離 = \frac{音速 \times 時間}{2}$$

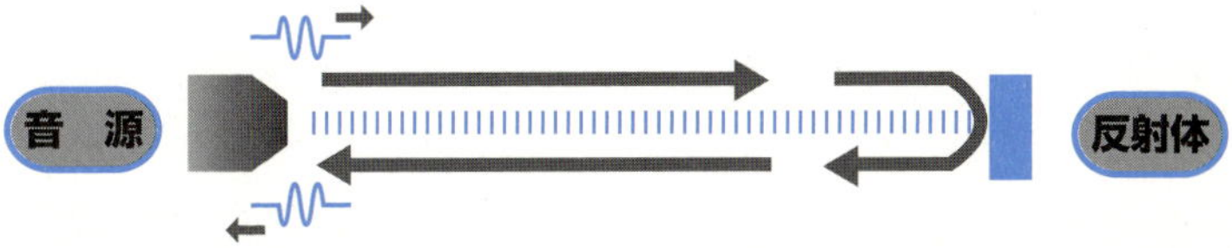

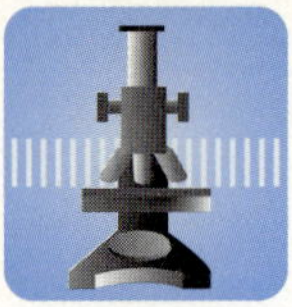

超音波を利用する②

エネルギーの利用

超音《ちょうおん》波《ぱ》は、お椀型の反射器で一点に集められる。これが波長が長い可聴音《かちょうおん》では、とても大きな反射器を使わないと一点に集められないし、回折《かいせつ》が生じるため小さい点に集中させることもできない。

超音波の周波数《しゅうはすう》が高いと、固体の共振現象《きょうしんげんしょう》を利用して非常に強力な振動や音を発生させることができる。例えば、後で述べる圧電素子《あつでんそし》を用いた振動子《しんどうし》を使うと、水中では大気圧以上の音圧の超音波を生じさせられる。どれくらい強力かというと、空中で人間が苦痛を感じる可聴音の音圧レベルよりさらに千倍以上高い音圧だ。このような強力な音波では、音圧が負の瞬間水中に小さな空洞が発生し、これがはじけるときにとてつもない力を発生する。この力は物を壊したり、化学反応を引き起こしたりするほど強力だ(「超音波洗浄」208ページ参照)。

また、超音波振動の振《ふ》れ幅《はば》（振動振幅《しんどうしんぷく》）は大変小さいが、速度や加速度は大きい。そのため、この振動が物にぶつかると大きな衝撃を与える。そのうえ、周波数が高いので、短い時間内にその衝撃を連続的に与えることができる。この性質は機械加工に利用されており、例えば超音波振動する刃先に水にといだ砥石《といし》の粉をつけて押し当てると、普通は割れてしまうような陶器《とうき》の材料でも、穴をあけることができる。

超音波振動の加速度がどれだけ大きいか計算してみよう。20kHzで振れ幅（振動振幅）が0.01mmの振動を例にする。正弦振動《せいげんしんどう》の法則によると、振動振幅に円周率の2倍と周波数をかけると振動速度が、さらに円周率の2倍と周波数をかけると加速度が求まる。加速度ではわかりにくいので、1グラムのおもりに加わる力に換算すると約16kgにもなる。同じ振動振幅であれば、加速度は周波数の2乗に比例するので、超音波ではこのように爆発的に増大するのだ。

超音波のエネルギー

超音波は一点に集中できる

超音波は可聴音に比べ、反射器などを使うことによって小さな一点に集中させやすい。

●**超音波**

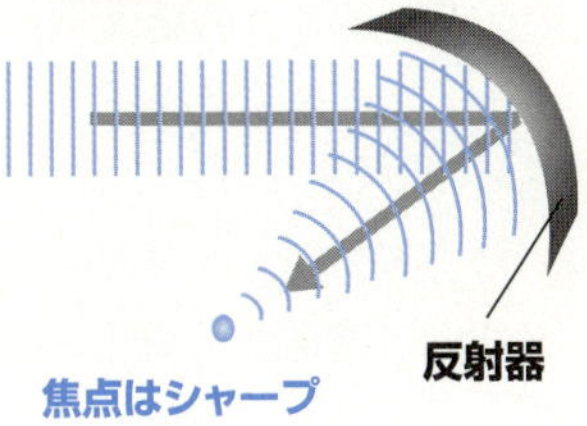

反射器
焦点はシャープ

●**可聴音**

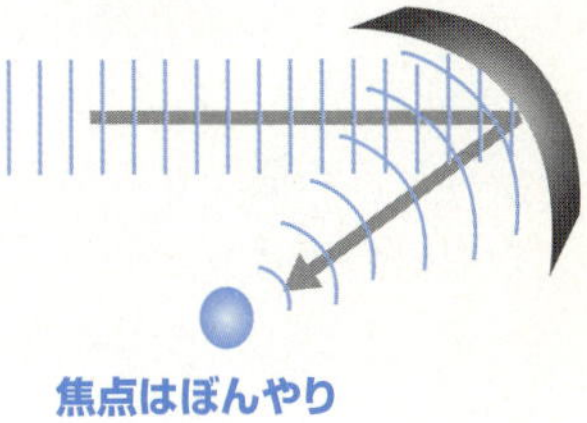

焦点はぼんやり

振動のエネルギー

超音波の振動を利用すると、物に穴をあけたり、切ったりすることができる。

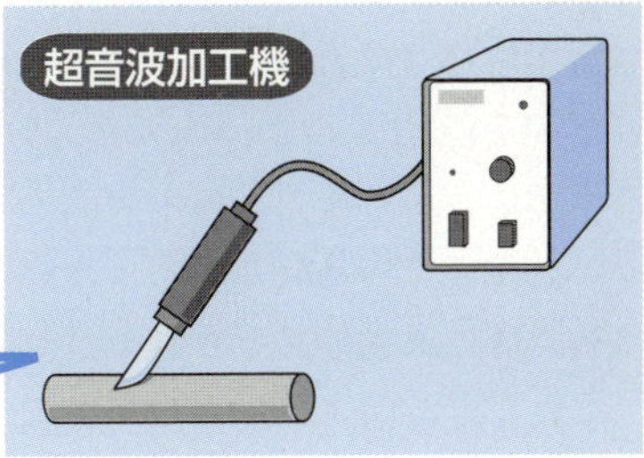

超音波加工機
超音波で刃先を振動させ、物を加工する。

超音波振動の加速度

加 速 度＝振動速度×2π×周波数
振動速度＝振動振幅×2π×周波数
振動振幅＝揺れ幅

振動振幅0.01mm、周波数20kHzの超音波振動の加速度は、1gのおもりに加わる力とすれば約16kgに相当する。

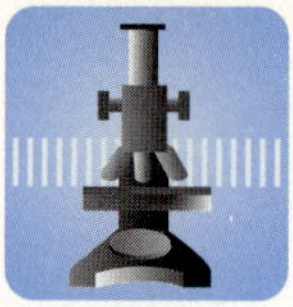

超音波の発生方法

共振現象と圧電効果

強力な超音《ちょうおん》波《ぱ》の性質について述べてきたが、こんな強い音をどうやって発生させるのであろうか。固体の共振《きょうしん》現象《げんしょう》を使って大きな振動を起こすというのがその答えだ。例えば、金属中の縦波速度は約5000m/秒であり、長さ12cmの棒は20kHzで半波長共振によって大きく振動し、両端面から強力な超音波を放射する。

この振動の源となるのが「圧電効《あつでんこう》果《か》」だ。ガスレンジやライターを点火させるため、小さな石をパチッとたたいて高電圧を発生させる道具があるが、これが圧電効果である。力を加えると、電圧が発生する現象だ。逆に、このような性質を持った材料（圧電材料）は電圧を加えると変形する。例えば水晶は圧電効果を示す。

圧電材料は、正の電気を帯びた部分と、負の電気を帯びた部分が同じ方向を向いていて、これを「分極《ぶんきょく》」と言う。この性質を持たない物質では、正と負が乱雑な方向を向いているので、特別な特性を示さない。正・負の方向がそろった物に電圧を加えると、正は負電極にひかれ、負は正電極にひかれる。このとき圧電材料は変形する。

水晶など結晶は、切り出す方向によって圧電の特性が異なるが、切り出すだけで分極を持っている。これに対して、高い電圧をいちど加えると、分極が発生して、電圧を0にしても分極が残る物がある。「圧電セラミックス」と呼ばれる人工材料がそれだ。これは、第2次大戦後にあいついで開発された物で、磁器と同じつくり方をする。自由なかたちにつくることができるので、広く使われている。最も強力な振動《しんどう》子《し》として、圧電セラミックスの板を2つの金属ブロックではさみ、ネジで締め付けた物が使われる。こうすることで、厚さ（長さ）が大きくなり、共振周波《きょうしんしゅうは》数《すう》が低下するし、強度も強くなるのだ。

圧電効果

圧電《あつでん》素子《そし》

正の電気を帯びた部分と、負の電気を帯びた部分が同じ方向を向いている（分極《ぶんきょく》）。

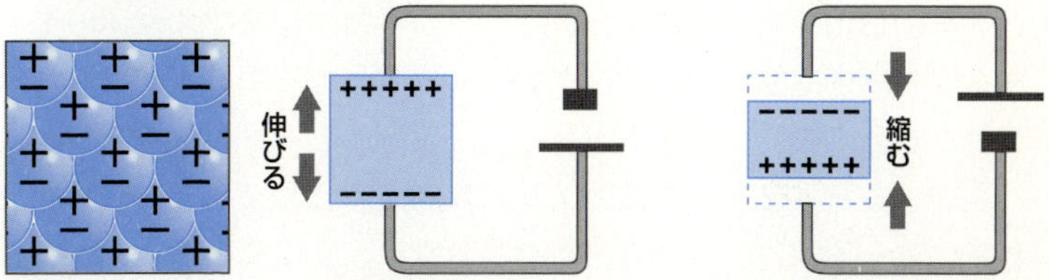
伸びる
縮む

圧電セラミックスの構造

電圧を加えると+と−の電気を帯びた部分が引かれるため、変形する。

電圧を逆の向きにすると反対方向に変形する。

これを繰り返すと振動し、超音波が出る。

ランジュバン型振動子

圧電セラミックスを金属ブロックではさみ、長さを長くして必要な低い周《しゅう》波《は》数《すう》で共振《きょうしん》させる。

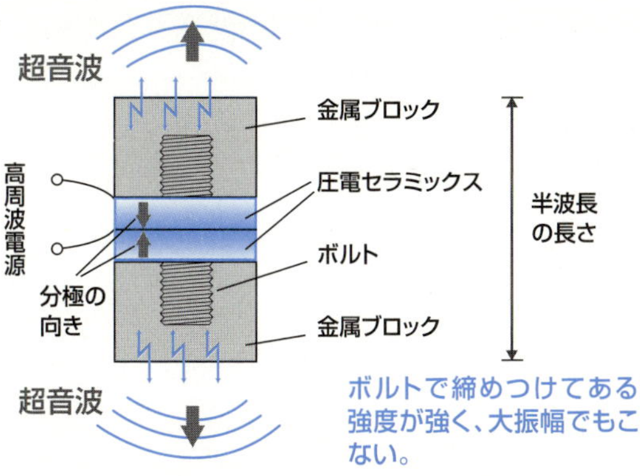
超音波
金属ブロック
高周波電源
圧電セラミックス
ボルト
分極の向き
金属ブロック
半波長の長さ
超音波

ボルトで締めつけてあるため強度が強く、大振幅でもこわれない。

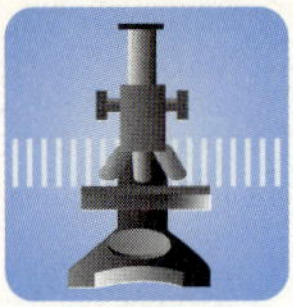

超音波モーター

振動に波乗りする静かで力持ちなモーター

磁界《じかい》中の電線に電流を流すと、この電線に力がはたらく性質はスピーカーに応用されているが、おもちゃから新幹線まで、普通のモーターも同じ原理で回転する。ここでは、数10kHzの振動でものをこすって動かす全く別のしくみのモーター、「超音波モーター」を紹介する。

現在、超音波モーターはカメラの自動焦点合わせなどで一部利用されている。形状は、金属の円板やリングに、圧電素子《あつでんそし》という電圧に応じて伸び縮みする材料が接着してある。これに高い周波数の電圧を加えると、その周波数で振動する。ここで、電圧の加え方をちょっと工夫すると､円周方向に振動波が周回して進むようにすることができる。このように、振動波が一方向に進むとき、その表面の一点に注目すると、その点は円運動をしている。水の波も同じである。そこにものを押しつけると、ローラーが回転している場合同様、一方に動かされる。これが進む波、すなわち「進行波」を利用した超音波モーターのしくみで、サーフィンが波に乗って進むのに似ている。波の進む向きを変えれば、回転方向が逆になる。円運動の大きさは千分の1ミリメートルくらいと、目に見えないほど小さいが、円運動の回転数は1秒間に数万回なので、運動速度は毎秒数十センチメートルになる。従って、押しつけたものの動く速さもそれくらいになる。

この他にも、棒の振動を利用して皿まわしのようにローターを回転させる方式や、2つの振動を組み合わせて突っついて回す方式などがある。いずれの場合も、大きさのわりに力の強いモーターなので、歯車で力を増す必要がない。歯車を使わないと騒音を発生しないので、静かなモーターである。カメラのほかに、コピー機や精密機械などに応用され始めている。

超音波モーターのしくみ

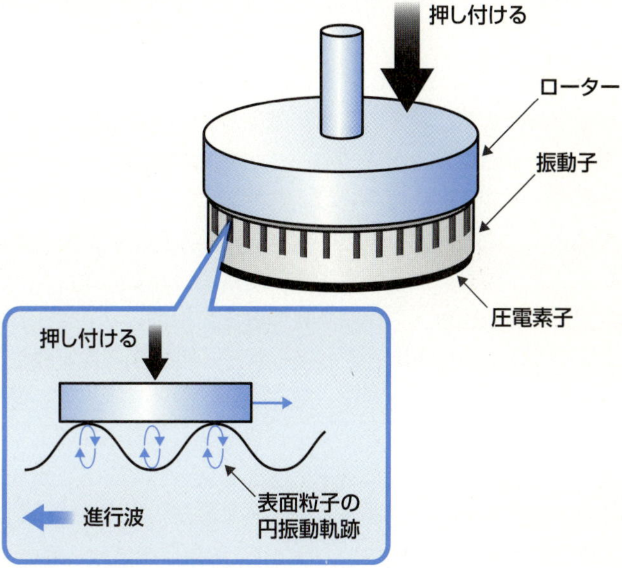
押し付ける
ローター
振動子
圧電素子
押し付ける
表面粒子の
円振動軌跡
進行波

超音波モーターの特徴

- 大きさのわりに力持ち
- 歯車で減速する必要がないので静か
- 始動、停止がすばやい
- 円板型、リング型など変わった形にできる
- 磁界をほとんど発生しない
- スイッチを切った状態では摩擦力で強力にロックされている

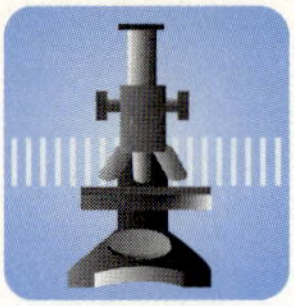

超音波洗浄

超音波の泡が起こすふしぎな現象

音は空気の大気圧からの圧力変動であることは、何回か述べた。耳に聞こえるような普通の音では、その変動は大変小さく、大気圧の1億分の1からせいぜい数千分の1である。しかし、前項で述べた振動《しんどう》子《し》を使うと、超音《ちょうおん》波《ぱ》では、水中で1気圧を超えるような音圧を発生させることができる。音圧と大気圧が足し合わされるので、正の音圧の瞬間には2気圧以上になり、負の音圧の瞬間には0気圧になるわけだ。0気圧になると水は引きちぎられて、小さな気泡《きほう》が発生する。これを「キャビテーション現象（空洞現象《くうどうげんしょう》）」と言う。次の瞬間、また圧力が上昇するが、このときキャビテーション気泡が壊れる。この際に発生する瞬間的な圧力は数千気圧とも言われていて、大変大きな力を発生する。これによって汚れを落とすのが、「超音波洗浄《せんじょう》」である。

超音波洗浄機は、身近なところでは、眼鏡店の店頭に置いてあるが、あの「シャー」という音は「キャビテーションノイズ」と言って、気泡が次々に壊れる音である。キャビテーション現象は強大な力を発生するため、場合によると洗浄しようとする物を傷つけることもあるので、注意が必要だ。例えば、超音波洗浄機にアルミホイルを入れると、小さな穴がたくさんあいてぼろぼろになってしまう。手を入れるとチリチリ感じるだろう。

キャビテーションのあまりに強力な力が問題になるような物では、周波数を上げて、大きな振動加速度によって汚れをふるい落とす洗浄が行われる。半導体工場などで使われている方式である。

環境に影響を与える洗剤を使わずに、小さなすき間に入った汚れも落とすので、超音波洗浄は精密機械部品、医療器具、半導体などの洗浄に広く使われている。

キャビテーション現象

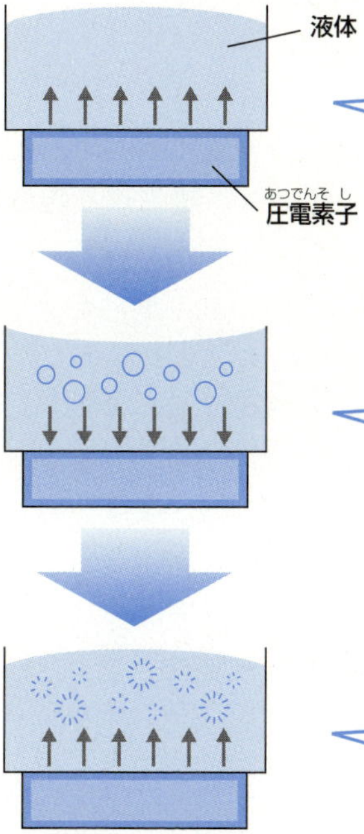

圧電素子の振動によって、液体に正の音圧（2気圧以上）が加わる。

負の音圧（0気圧）によって液体が引きちぎられる。ちぎれてできた空洞に液体中の気体が流れ込み、気泡ができる（キャビテーション現象）。

再び正の音圧がかかると、気泡《きほう》がこわれる（気泡がこわれる音をキャビテーションノイズと言う）。この瞬間に大きな力が発生する。

超音波洗浄機

眼鏡洗浄機は、キャビテーション現象で発生する力を利用して、眼鏡を洗浄する。

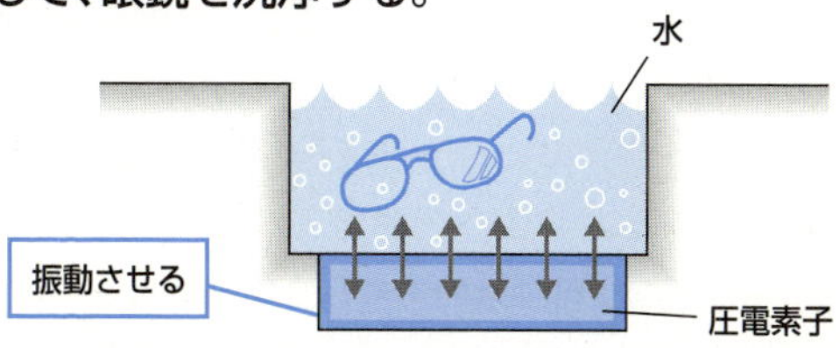

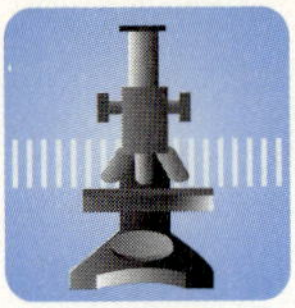

超音波加湿器

超音波で霧をつくる

水滴のついたプラスチック下敷きを、裏側から指ではじいてみよう。水滴が水しぶきになって飛び散るだろう。これが超音波加湿器《ちょうおんぱかしつき》の原理だ。霧をつくるので、超音波霧化器《むかき》とも言う。

超音波振動《ちょうおんぱしんどう》する物体の表面に水を滴らしたり、水面に向かって水中から超音波を当てると、水が細かい水滴になって空中に飛んでいく。超音波振動は、下敷きをはじくことを1秒間に数万回から数十万回も繰り返すことになるのだ。

このとき、超音波振動の水を引きちぎって飛ばそうとする力と、そうはされまいとする水の表面張力《ひょうめんちょうりょく》との力関係によって、生じる水滴の大きさが決まる。超音波振動の周波数《しゅうはすう》が高いほど水滴の大きさは小さくなり、数十kHzの超音波の場合、数十分の一ミリメートルの水滴ができる。周波数をさらに上げると、百分の一ミリメートル以下のきわめて小さい粒子の霧を発生させられるが、水滴もこれほど小さくて軽いと、空中をふわふわ漂って落ちてこない。

このような細かい水滴の群は、やかんから出てくる湯気と同じようにみえるが、手で触ってもまったく熱くないのが特徴だ。実際、液体の温度はほとんど上がらない。このため、薬剤を変質させることがなく霧化できるので、ぜんそくの発作どめの吸入などに使われている。また、燃料を細かい霧状にするとよく燃えるので、エンジンの燃料噴射などへの応用が考えられる。パソコンのインクジェットプリンタでもノズルの振動でインクの小さな粒を飛ばしている。

また、ラーメン屋などの店先の看板で、大きなどんぶりから湯気がゆらゆらあがっているのを目にしたことがあるかもしれないが、あれも超音波霧化器を利用している。

超音波加湿器のしくみ

超音《ちょうおん》波《ぱ》加《か》湿《しつ》器《き》の霧と、火にかけたヤカンの湯気とは性質が異なる。

超音波加湿器

火にかけたヤカン

超音波加湿器のしくみ

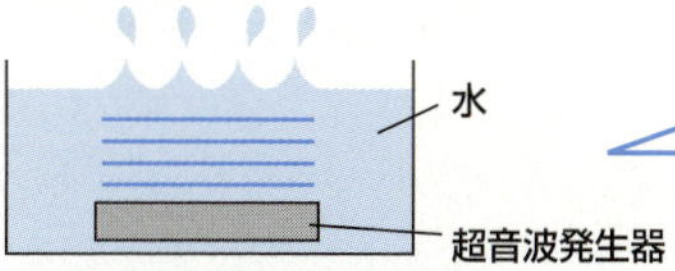

超音《ちょうおん》波《ぱ》振動《しんどう》する物体に水をたらしたり、水中から水面に向けて超音波を当てると、水は水滴となり空中に飛んでいく。

超音波霧《む》化《か》器《き》は、液体の温度を上げることなく霧（水滴）にする

超音波霧化の応用

●パソコンのインクジェットプリンタ

インクの温度を上げることなく、紙に吹きつけることができる。

●超音《ちょうおん》波《ぱ》吸入《きゅうにゅう》器《き》

薬剤を変質させずに霧化することができる。

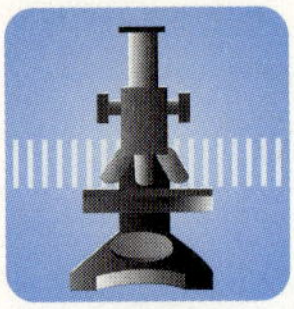

超音波センサー

山びこの原理

山に登ったときに、「ヤッホー！」と叫ぶと、しばらくたってから、「ヤッホー」と自分の声が返ってくる。これが山びこである。しかし、もしも登った山のほかに周囲に山がなく、広大な平野が四方に広がっていたとしたら、山びこは返ってこないだろう。山びこの正体は、ほかの山などからの反射音《はんしゃおん》だからだ。

山びこが返ってくるまでの時間で、反射した山までの距離を測ることができる。音の速さは毎秒約340mなので、山びこが返ってくるまでの時間が2秒ならば、声をはね返した山までの距離は、往復で340×2＝680m、片道で680÷2＝340mだ。しかし、周りに山がたくさんあると、人の声ではどの山から反射してきたのかわかりにくい。人の声は周波数《しゅうはすう》が低く、波長が長いので四方に広がってしまうからだ。

超音波を使うと一方向に絞って音を出せるので、目標物をねらって山びこ方式の距離測定ができる。このような目的で市販されている超《ちょう》音《おん》波《ぱ》送受《そうじゅ》波《は》器《き》が「超音波センサー」だ。高級乗用車では後部にこのセンサーが付いていて、バックするときに障害物の有無を知らせてくれる。障害物が透明なガラスでも、超音波は反射するので大丈夫だ。しかし、超音波は周波数が高いので空気中でははやく弱まるため、何百ｍも遠くに伝えることは難しい。40kHzで十数ｍ、200kHzでは1ｍ以下が実用範囲だろう。また、波長よりも小さい物からの反射波は四方に広がって弱くなるので、検出しにくくなる。逆に大きくて平らな物体からの反射は強力だ。

また、追い風だと音が速く到着し、向かい風だと遅く到着することを利用して風速を測定する「超音波風速計《ふうそくけい》」も利用されている。パイプ中の液体の流れを測定する「流量計《りゅうりょうけい》」としても応用されている。

超音波の反射を利用する

音で距離をはかる

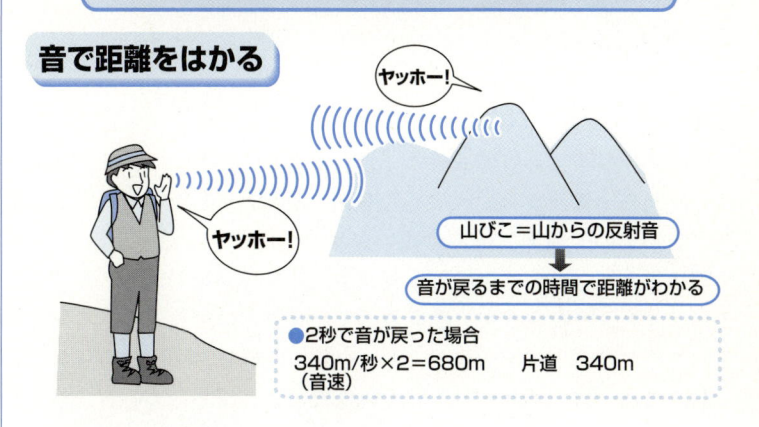

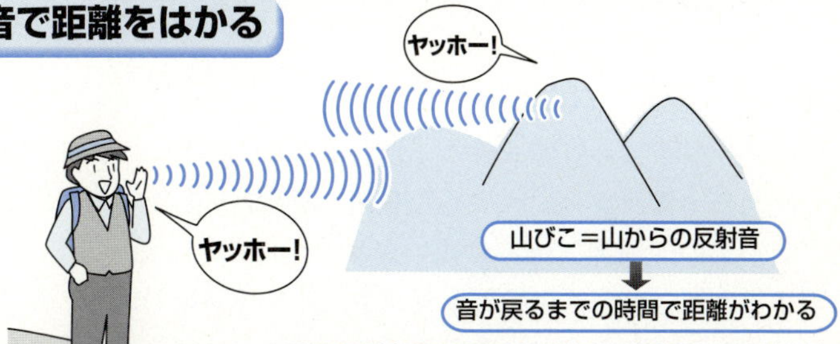

ヤッホー!
ヤッホー!
山びこ＝山からの反射音
音が戻るまでの時間で距離がわかる

●2秒で音が戻った場合

340m/秒×2＝680m　　片道　340m
（音速）

超音波《ちょうおんぱ》と可聴音《かちょうおん》の反射の違い

超音波

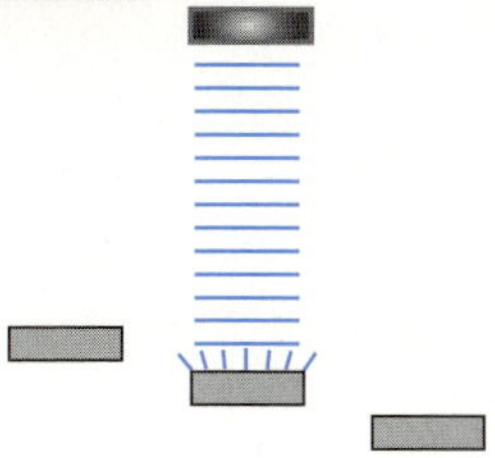

直進するため、何に反射したのかわかる。

可聴音

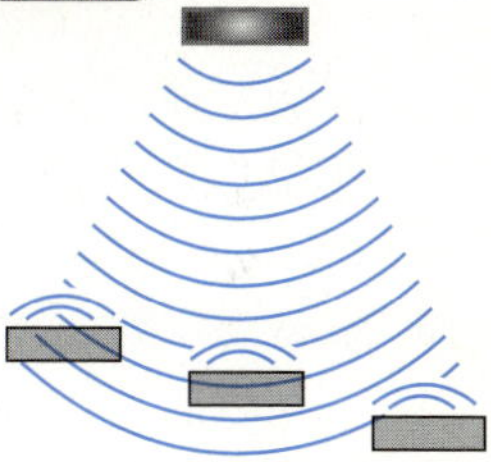

拡がるため、何に反射したのかわかりにくい。

超音波センサー

車の後部から超音波を発射し、その反射から障害物の有無、距離を知らせる。

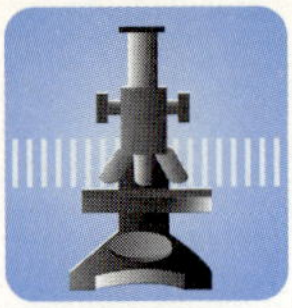

超音波顕微鏡

超音波でみるミクロの世界

学校の理科室にある顕微鏡《けんびきょう》は「光学《こうがく》顕微鏡」と言って、試料《しりょう》を通りぬける光や、試料から反射する光をレンズを通して肉眼やカメラで観測する、いわば極めて倍率の高い虫眼鏡だ。これに対し、超音波《ちょうおんぱ》を試料に伝えて、超音波の伝わる速さや伝わりやすさによって観測するのが「超音波顕微鏡」だ。超音波の伝わる速さは物質の硬さで変化するので、試料のどの部分がどのくらい硬いかを表す画像が得られる。

超音波顕微鏡で物を調べるしくみは次のようになっている。まず超音波振動をサファイア製の音響レンズに伝えて、試料表面に焦点を結ぶ。試料から反射した超音波をレンズで集めて受け取り、その強さを記録する。試料を少しずつ移動して同じ作業を繰り返すと、超音波の反射しやすさに応じた1枚の画像が得られる。反射してきた超音波が強いときは白く、弱いときは黒く、その中間は灰色、というように色の濃さで超音波の反射強度を表せばよい。例えば、試料表面に傷があれば、そこでは反射強度が変化するので、その画像に傷の影が出る。また、目でみた色が同じでも材質の差があれば、超音波の反射強度が違うので、光学顕微鏡ではみえない材質の差がみえる。

超音波顕微鏡の真骨頂《しんこっちょう》は、焦点の位置を少し試料の中にずらしたときだ。焦点を深さzの位置に設定して測定した場合、試料表面からの「反射波《はんしゃは》」と、「表面波《ひょうめんは》」として試料表面を横方向に少し伝わってから反射する2種類の超音波が返ってくる。表面を伝わってから反射してくる表面波はその分だけ遅れて受波されるので、その遅れを測定すると超音波が試料表面を伝わる速さがわかるので、この速さを元に硬さを計算できる。実際には距離zを変化させて、直接反射波と表面波になった反射波との干渉《かんしょう》パターンから表面波速度を計算する。

音の屈折の応用

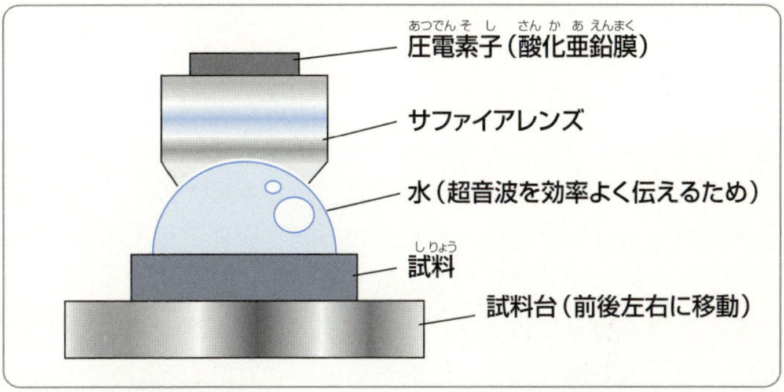

圧電素子《あつでんそし》（酸化亜鉛膜《さんかあえんまく》）
サファイアレンズ
水（超音波を効率よく伝えるため）
試料《しりょう》
試料台（前後左右に移動）

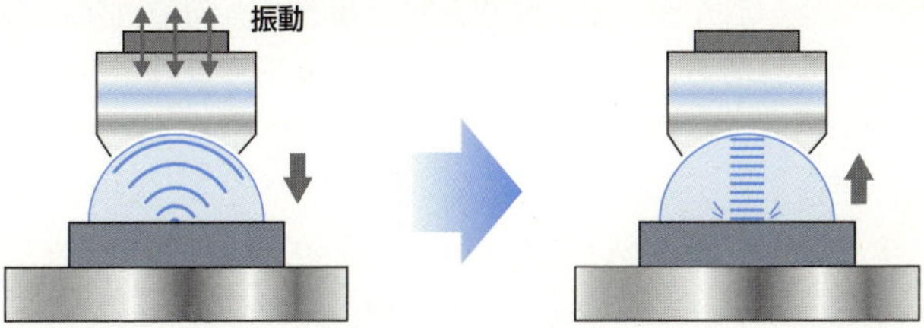

振動

圧電素子《あつでんそし》を振動させ、超音波を発生させる。生じた超音波はサファイアレンズで集束し、試料にぶつかる。

試料にぶつかった超音波は反射し、レンズが受波する。反射波《はんしゃは》の強度を計測する。

超音波顕微鏡の利点

- 物質の硬さがわかる
- 方向による性質の差がわかる

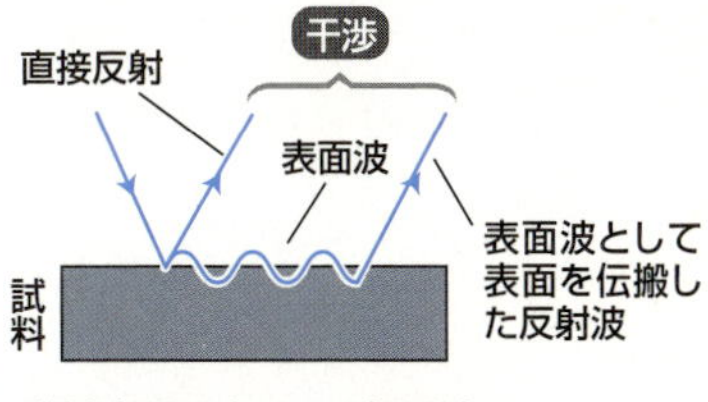

干渉
直接反射
表面波
表面波として表面を伝搬した反射波
試料

試料表面を伝わる表面波を用いることで試料の音速（硬さ）がわかる。

超音波診断装置

体の中を山びこの原理で検査する

人の体は水分を多く含んでおり、音がよく伝わる。音は硬さなどの性質が変化する場所で反射される（66ページ参照）ので、骨や臓器などで反射が生じる。そこで、少しずつ方向を変えて何度も音波を体内に送信し、そのつどその反射波の強さを記録すれば体の中のようすがわかる。方向を絞って音を送り出すには周波数が高いことが必要なので超音波を使うため、超音波診断装置と呼ばれている。パルス波を送信して、はね返ってくるまでの時間から、奥行き方向の位置を決めるという山びこの原理を利用しているので、超音波エコーともいわれている。数メガヘルツ（数百万ヘルツ）の周波数が主に使われている。体内での波長は1ミリメートル程度なので、これくらいの大きさのものは見分けることができる。

体に押し付けるプローブの中には100個以上の小さな圧電素子《あつでんそし》が並んでいて、超音波を送り出す方向や受信する方向を瞬時に切り替えている。圧電素子に電圧をかけると超音波が送信され、超音波が圧電素子に当たると電圧に変換される。それぞれの圧電素子に加える電圧のタイミングを少しずつ規則的にずらすと、そのずれの度合いに応じて音が出る方向が変化する。モニター画面上では、反射波の方向、もどって来るまでの時間に相当する距離に、反射波の強さに応じた濃さの点を描く。これをすべての方向について行って、1枚の画像を作る。1秒間に30枚くらいの画像が作れるので、動画として見ることができる。また、ドップラー効果（78ページ参照）による反射波の周波数変化を赤と青の色で表すと、血流のようすを目で見ることができる。これをカラードップラー装置といって、心臓など循環器《じゅんかんき》の診断に活躍している。

音で体の中を探る

音の反射で見えない体の中の画像を見る

超音波診断装置

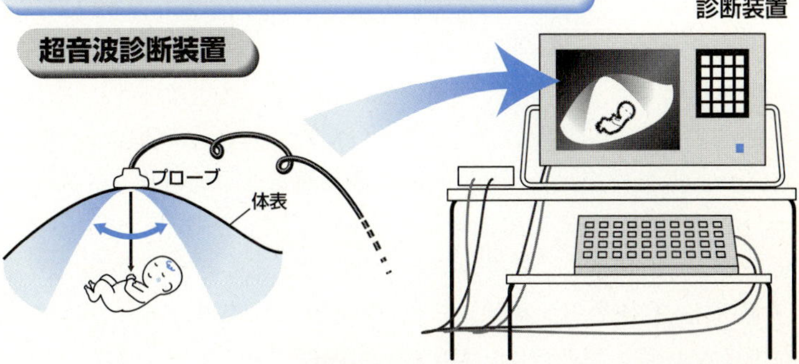
診断装置
プローブ
体表

音響的性質（音響インピーダンス）が変化する部分からのパルス音の反射を検出して画像表示する。

超音波診断装置のしくみ

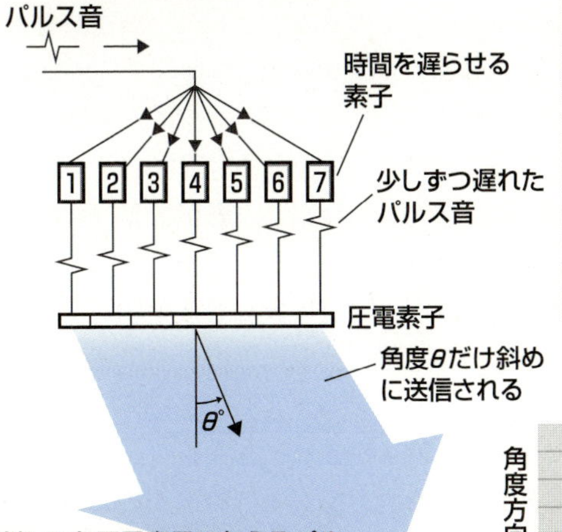
パルス音
時間を遅らせる素子
1
2
3
4
5
6
7
少しずつ遅れたパルス音
圧電素子
角度θだけ斜めに送信される
θ°

分割した各圧電素子に与えるパルス電圧のタイミングを少しずつずらすことで、斜め方向の超音波を出す。フェーズドアレイという。

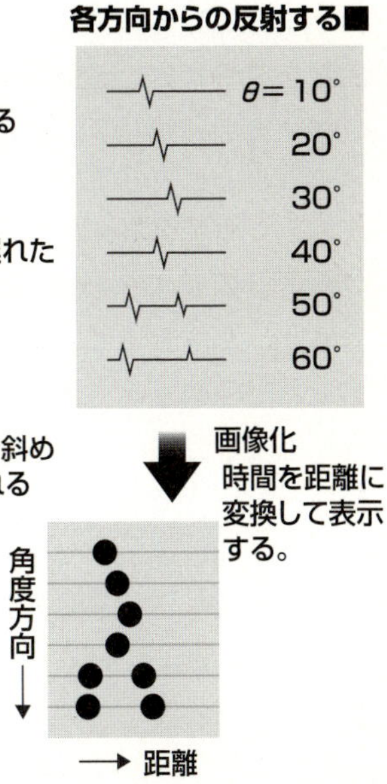
各方向からの反射する■
θ= 10°
20°
30°
40°
50°
60°
画像化
時間を距離に変換して表示する。
角度方向
距離

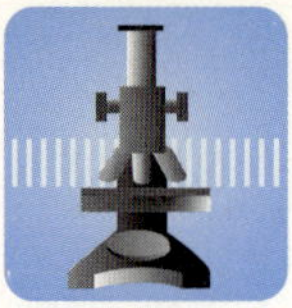

超音波治療

超音波エネルギーの医療への応用

電波を信号として扱う応用が通信やレーダーだとすると、電子レンジはエネルギーを利用していることになる。超音波の医学への使い道もこれに似た分類ができる。診断装置は超音波を信号として利用したわけだ。一方、超音波のエネルギーを使って治療を行う技術がある。電子レンジと同様に、超音波でも温度を上げることができる。これは、吸収減衰《きゅうしゅうげんすい》（64ページ参照）によって超音波のエネルギーが熱に変換されるからだ。超音波は一点に絞って照射することができるので、癌《がん》細胞だけを超音波で「焼き殺す」技術が開発途上にある。

一点に絞るということでは、集束《しゅうそく》した強力なパルス音波で体の中にできた結石《けっせき》を破砕《はさい》する治療装置がすでに実用化されていて、大きな病院を中心に広く装備されるようになった。これは、集束超音波の物理的な力を利用している。結石の位置を検出しながら結石を狙い撃ちする機構が組み込まれている。開腹手術を行って摘出《てきしゅつ》する方法に比べると、患者の負担は少なくて済む。

診断以外でもっとも身近な超音波を利用した医療器具は歯科医で使われている歯垢《しこう》を取る装置であろう。とんがった器具の先端を超音波周波数で振動させて水を流しながら、歯の表面をなぞっていくこの装置を何度も体験された方も多いと思う。似た構造のものに、刃先を超音波振動させて切れ味をよくした超音波メスや、血管を保存しながら目的の組織だけを破砕する超音波手術具などもある。

この他にも、超音波で薬剤を目的の患部まで輸送することや、目的の場所で超音波の力でカプセルを破り、所望の場所だけに薬剤をはたらかす方法（ドラッグデリバリー）など、超音波の作用を応用したさまざまな新しい治療法が研究されている。

音の振動で治療する

さまざまな医療で活躍する超音波

体外衝撃波結石粉砕術

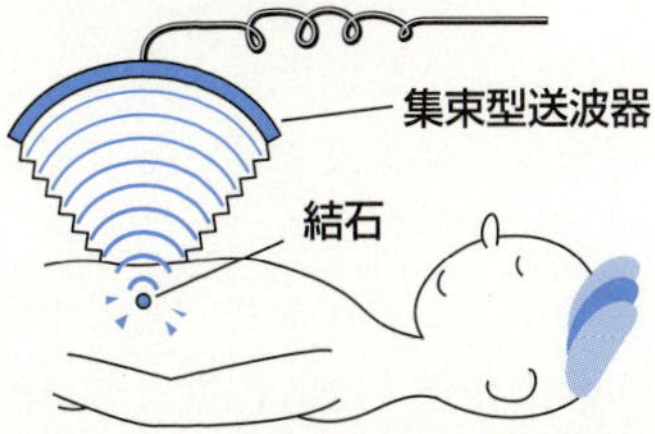
集束型送波器
結石

おわん形の集束型送波器により、体外から体の中に強力なパルス波を送り、結石をくだく。小さくなった結石の破片は尿とともに体外に排出される。

超音波メス・超音波歯垢除去器具

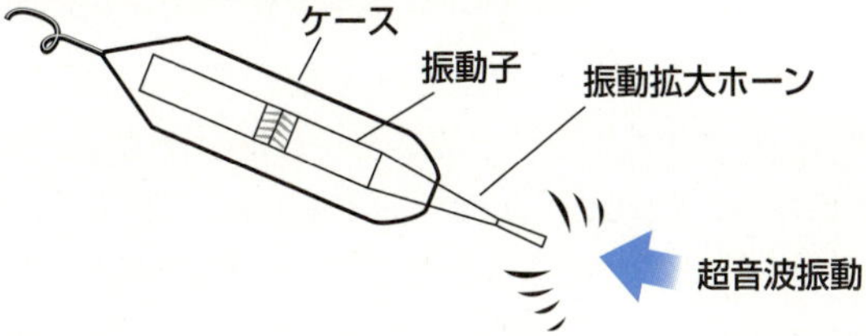
ケース
振動子
振動拡大ホーン
超音波振動

鋭い先端に、数10kHzの超音波振動を与え、1／100mmほど振動させる。

ドラッグデリバリー

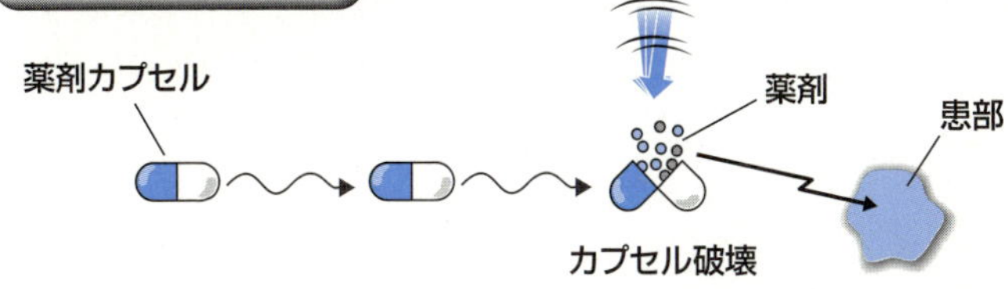
薬剤カプセル
薬剤
患部
カプセル破壊

薬剤カプセルが患部（作用部位）に届いたら、超音波でカプセルを砕き、薬剤を効果的に作用させる。

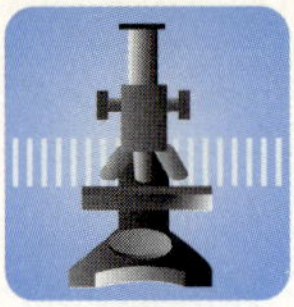

サウンドチャンネル

エルニーニョ現象を音で測る

水中では、音が遠くまで伝わることがわかっている。しかし、それにしても、海中では予想をはるかに超えた遠隔地まで届くことがあるのだ。これは大戦中に、潜水艦探知《せんすいかんたんち》などで音波を使っていて偶然発見された現象である。なぜ、こんなことが起こるのであろうか？

それは、海では深さによって音速が異なるからだ。海の表面は太陽に照らされるので温度が高いが、水深が深くなるに従って水温が低下する。媒質《ばいしつ》の温度が下がると音速が遅くなるのは空気中と同じだ。一方、さらに水深が深くなると、こんどは圧力の増大などで、逆に音速が速くなる。

このように、海ではある水深のところで音速が最小となっている。すると、音波は屈折《くっせつ》を繰り返して、この部分に閉じ込められて遠くまで伝わることになる。これを「サウンドチャネル（音の通り道）」と呼んでいる。これは、光ファイバーが屈折率の変化で光を閉じ込めて遠くまで損失なく伝えるしくみと同じだ。

また、水面付近や浅いところでも、水温の影響や、海底、水面などでの反射によって、特有な音の伝わり方をする。このような音の伝わり方をくわしく調べると、海の水温分布や潮流を世界的な規模で調べられるので、異常気象の研究などに使われようとしている。

例えば、太平洋上に200Hzの低周波音を送受するブイをいくつか置いたり、アメリカ西海岸で出した100Hzの低周波音をオーストラリアや日本の南方で受信しようというのだ。海の真ん中で受信されたデータは、海上に浮かぶブイから電波を使って人工衛星で中継して、各国の研究機関に送られるしくみになっている。

音の通り道

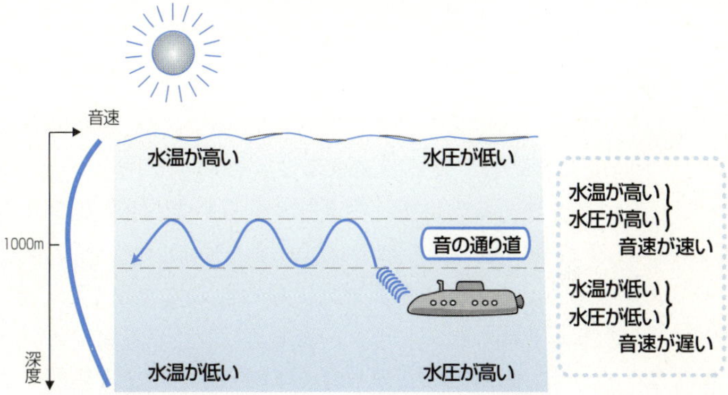
音速
水温が高い
水圧が低い
1000m
音の通り道
深度
水温が低い
水圧が高い
水温が高い
水圧が高い
音速が速い
水温が低い
水圧が低い
音速が遅い

水中で音を出すと、音は水温と水圧の影響によって、最も音が伝わりやすい深さのところに閉じ込められ、遠くまで届く。これをサウンドチャンネル（音の通り道）と言う。

音による海の調査

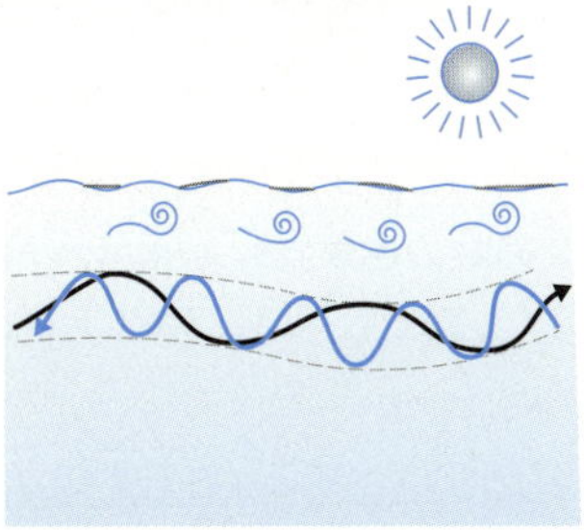

●水温の影響や海流によって、音の伝わり方が異なる。これにより、水温や海流の変化を測定できる。

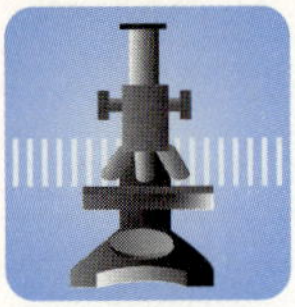

騒音とは

騒音を数字で表す

「騒音とはなにか？」というのは難しい問いである。「歓迎されない音」「好ましくない音」が騒音であるが、歓迎するかしないか、好むか好まないかを決めるのは個々の人間であるので、客観的な基準を設けにくい。「自分の娘の弾くピアノはうるさくないが、隣の娘の弾くピアノはうるさい」「さっきまで気にならなかった雨だれの音が、気にしだしたら耳を離れない」等々、例をあげればきりがない。

だからといって、定量的な基準がなくては困るので、客観的な物差しが決められており、市販されている騒音計はすべてこれに基づいた数値が表示されるようにつくられている。この基準にも音圧レベルを用いるが、人間の耳は周波《しゅうは》数《すう》によって感度が大きく異なるので、人間に同じ大きさに聞こえるように、補正をほどこした音圧レベルで表すのが普通である。

この数値もデシベル（dB）で表示される。以前は「ホン」という単位が使われていたこともあったが、現在では使わないことになった。計量法や標準規格によって厳密な定義が存在するが、「騒音レベル」と言い習わしていることが多い。人間の耳の感度が低い低音や高音では、物理的な音圧レベルが大きくても、人間には小さく聞こえるので、騒音レベルとしては低くなる。

注意してやっと聞こえる騒音を0デシベルとする。30～40デシベルでかなり閑かな環境、車の車内で60～70デシベル、やかましいところで80デシベルくらいであるが、はじめに述べたように、何デシベル以上が騒音で、何デシベル以下が騒音でないかということを決めるのは、容易ではない。なお、振動《しんどう》については、「振動レベル」という物差しが定められている。

騒音の定義

望ましくない音。たとえば音声・音楽などの伝達を妨害したり、耳に苦痛・傷害を与えたりする音。

個人差、状況の違い、心理的要因などにより、何が騒音であるかを決めるのは難しい

●主な場所の音圧レベル

	音圧レベル [dB]
森	10～20
図書館	30～40
事務所	60～70
地下鉄内	90～100
新幹線鋼橋通過	110～120

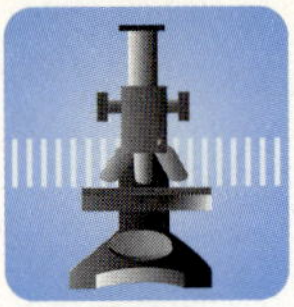

新幹線の騒音対策

新幹線と騒音の闘い

電車の音というと「ガタン、ゴトン」という音が思い浮かぶが、これは線路の継ぎ目に車輪が当たって振動する音である。

新幹線のような高速列車で問題になるのは、風《かぜ》切《き》り音《おん》だ。これは細い棒を振りまわしたときに出る「ビュー」という音と同じ原理で発生する。新幹線でも棒きれでも、高速で動くときには空気を切り裂くことになるが、そのときに空気の小さな渦《うず》が発生したり消滅したりする。この渦の発生消滅による圧力変動が音のもとなのだ（52ページ）。これが「流体音《りゅうたいおん》」または「空力音《くうりきおん》」と呼ばれるものだ。

この流体音の強さは、移動速度で大きくかわる。列車の場合、時速200kmを超えるころから、車輪やモーターの音より、流体音が目立つようになる。また、速度が少し速くなっただけで、流体音は非常に強くなる。

流体音を発生させないためには、渦が生じないようになめらかに空気を流してやる必要がある。すなわち、空気をむりに引き裂かないで、スムーズに切り分けるような形状にしなくてはならない。こうしてつくられたのが、いわゆる流線形である。空気に切り込む先端の形状もさることながら、切り裂かれた空気が乱れたりはがれたりすることなくうしろまで流れるように、後端のかたちも重要である。もちろん、途中に出っ張りやへこみがあってはならない。

最近の新幹線車両の先頭形状には、できるだけスムーズに風を切って渦を発生させない工夫が盛り込まれている。車両と車両の連結部分にも気流を乱さない注意がはらわれている。また、パンタグラフの数をへらしたり、カバーをつけたりする。静かに飛ぶフクロウの羽をまねた形状のパンタグラフもある。

新幹線と騒音

時速200kmを超える高速列車では、車輪やモーターの音より、車体が風を切る音（流体音《りゅうたいおん》、空《くう》力《りき》音《おん》）が問題となる。

最近の新幹線での工夫

最近の新幹線には、流体音を防ぐための様々な工夫がある。

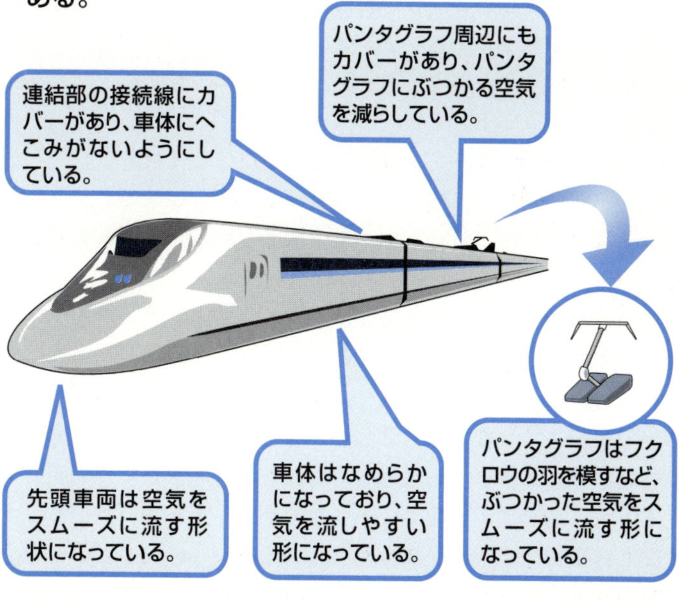

パンタグラフ周辺にもカバーがあり、パンタグラフにぶつかる空気を減らしている。
連結部の接続線にカバーがあり、車体にへこみがないようにしている。
先頭車両は空気をスムーズに流す形状になっている。
車体はなめらかになっており、空気を流しやすい形になっている。
パンタグラフはフクロウの羽を模すなど、ぶつかった空気をスムーズに流す形になっている。

自動車の騒音対策

ロードノイズと道路

自動車はエンジンをはじめ、排気、ブレーキ、タイヤなど、いろいろなところから音を出す。また、高速時には風《かぜ》切《き》り音も問題になる。しかし、最近ではエンジン音や排気音は相当小さくなった。むしろこれらは、車種に合った好ましい音が出るように色付けをしているほどだ。ブレーキ音は常時出るものではない。

現在、自動車の出す音で大きいのは、タイヤと地面が出す「ロードノイズ」だろう。回転するごとにタイヤの側面が振動する音もあるが、回転するときに巻き込んだ空気がタイヤの凸凹と地面の間に閉じ込められ、反対側から出るときに放出される音も大きい。この音は、タイヤの凸凹をなくせば出ないが、それではスリップしやすくて危険だ。このため、タイヤ本来の役割を果たしつつ、いかに音を抑えるかが問題になる。

例えば、凸凹の間隔を一様にしないという工夫がある。凸凹が一様だと、速度に応じたあるピッチの音が強く出て耳障《みみざわ》りだが、間隔をばらつかせると、ある特定のピッチに集中しないので小さな音に聞こえるわけだ。

また、道路を自動車で走っているとき、場所によってずいぶん音の大きさが違うと感じたことはないだろうか。これは道路の舗《ほ》装《そう》の状態によることが多く、高速道路で、古くなったところと舗装しなおしたばかりのところの切れ目にさしかかるとよくわかる。特に最近、騒音を減らす舗装方法が登場した。これはもともと水たまりの発生を防止するために開発された物で、小さな穴がたくさんあいていて、水が地中にしみ込みやすいという物だ。ところが、この穴がタイヤの凸凹との間の空気も逃がし、発生した音を吸収する効果も持つ。

自動車の騒音

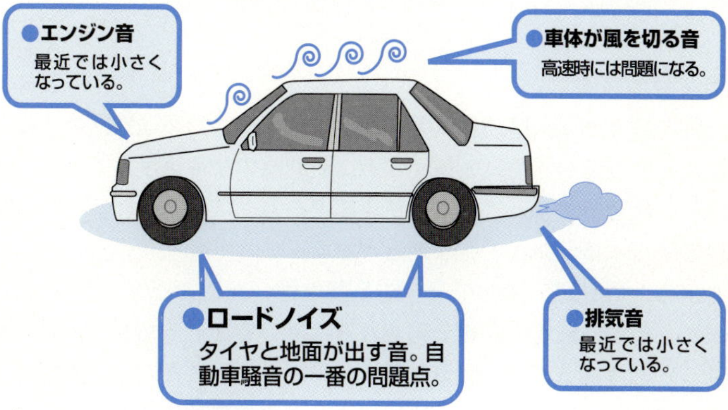
●エンジン音
最近では小さくなっている。
●車体が風を切る音
高速時には問題になる。
●ロードノイズ
タイヤと地面が出す音。自動車騒音の一番の問題点。
●排気音
最近では小さくなっている。

ロードノイズの原因

タイヤが濡れてもスリップしないように溝が刻んである。

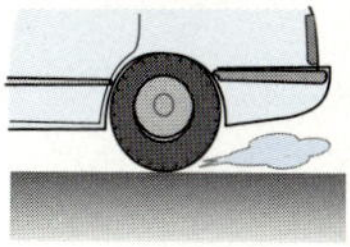

走行中、この溝に閉じ込められた空気が排出されるときに音が出る。

騒音が減る道路舗《ほ》装《そう》

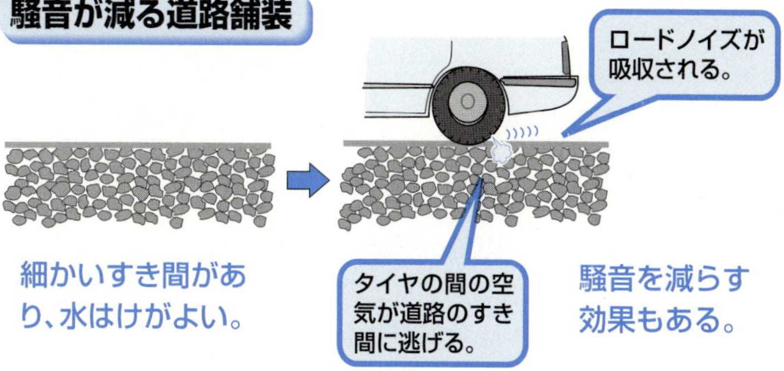
ロードノイズが吸収される。
タイヤの間の空気が道路のすき間に逃げる。

細かいすき間があり、水はけがよい。

騒音を減らす効果もある。

市街地の騒音対策

防音壁の技術

日本のように人口密度が高いと、鉄道の線路や高速道路のそばに住宅が密集している地域も多くなる。新幹線の営業速度も、列車の性能よりも騒音で決まってくるのが現実である。このため、いかにして騒音を防止するかが、大きな問題となる。

市街地の鉄道や道路では、防音壁《ぼうおんへき》の付いたところをよくみかける。また、樹木を植えて防音効果をねらっているところもある。葉が生い茂った木はある程度の吸音効果を期待できるからだ。低い音では、葉や枝の間を空気が振動《しんどう》する際にエネルギーを消耗するし、高い音では反射したり散乱したりする。

しかし、防音壁を設けても、音は回折《かいせつ》によって裏側へ回り込むので、遮断《しゃだん》するのは難しい。天井まで囲ってトンネル形状にすればよいのだが、それには大変な工費がかかる。

このため、工費をかけず、防音壁の効果を高めるような工夫が試験的に行われている。例えば、壁の上端がY字形や大きな円筒になっていたりするものがあるが、いずれも回折波を減らすための工夫である。Y字形の場合は、回折が生じる壁の先端が2つあるために回折波も2つ生じるが、この2つの音の干渉《かんしょう》で全体的な回折波を減らすのだ。また、円筒状の物は、回折波がこの円筒の上を回り込むときに吸音してしまおうという物だ。いずれも、高さが低い防音壁でも高い防音壁なみの効果が得られるという。また、壁に音が通りぬける管を付けて、これを抜けてくる音と回折波を干渉させて消してしまう方式もある。

いずれにしても、人間の感覚は、騒音レベルが大幅に低下しないと静かになったと感じないし、騒音の種類の影響も大きい。この点が騒音対策の難しいところである。

防音壁の工夫

様々な防音壁

一 般 型

騒音が回折《かいせつ》してしまうため、高さを高くしないと効果が少ない。

樹　　木

葉や枝の間を音が通り抜けるときに、減衰《げんすい》・拡散《かくさん》が起こる。落葉の処理などの手入れが必要。

トンネル型

防音効果は高いが費用がかかる。

防音効果を高める工夫

現在研究中のもので、壁の上端の形を工夫。

Y 字 型

回折波どうしを干渉《かんしょう》させ、騒音を小さくする。

円 筒 型

回折波がのりこえるときに、吸音する。

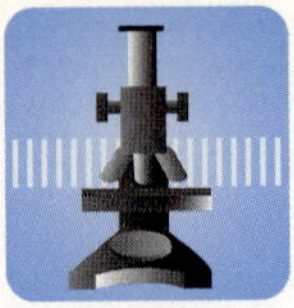

アクティブノイズコントロール

音で音を消す

2つの音が重なると、干渉《かんしょう》が生じて、強め合ったり、弱め合ったりする。これを利用すれば、不要な騒音を別の音を使って消すことができる。吸音材を使う低騒音化技術に対して、このような技術を「アクティブノイズコントロール（能動的騒音制御《のうどうてきそうおんせいぎょ》）」と呼んでいる。一部の冷蔵庫や自家用車などで実際に使われはじめている技術だ。

図のように騒音と強さが同じで位相が180度ずれた音は、音圧の正負が逆なので、騒音と重ね合わせると音圧が0になる。このような音を、騒音を消したい場所に出してやるのだ。

実際には、騒音は刻々と変化するので、それを打ち消すための音もそれに応じて変えなければならない。そのため、マイクロホンで騒音の状態を常に監視し、打ち消すために出す音を制御している。このような相手に応じて変化させる制御を「適応制御《てきおうせいぎょ》」と言うが、高速なデジタル信号処理の技術によってはじめて可能になった。

現実には、どんな騒音でも打ち消す、という音を出すのは難しいので、ある特定の場所で特定の騒音をねらった用途であることが多い。また、周波数の高い音は波長が短いので、うまく打ち消すようにタイミングをみはからって音を出すのが難しくなるし、消せる範囲も狭くなる。したがって、波長の長い低音を打ち消すほうが得意であるとも言える。吸音材は高音には有効だが、低音には効果が薄いことが多いので、アクティブノイズコントロールと吸音材との適材適所の使い分けが必要だ。

最近の携帯電話では、表と裏にマイクロホンを1つずつ使って、騒音だけ打ち消して送る物がある。騒音は2つのマイクロホンに同様に入るが、使用者の声は片方に強く入ることを利用している。

音で音を消す

打ち消し音によって騒音は
消えている。
打ち消し音源
騒音源

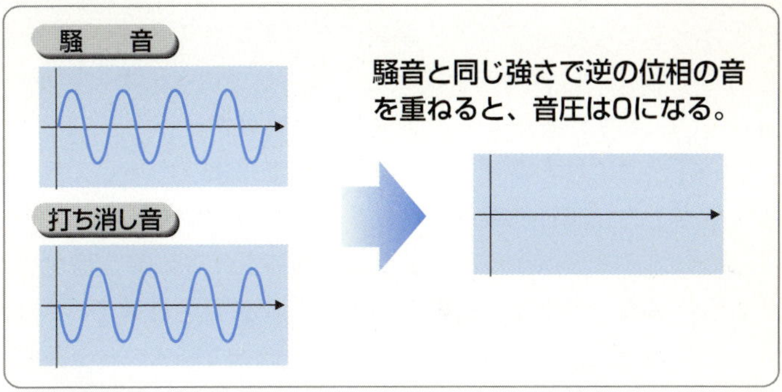
騒　音
打ち消し音
騒音と同じ強さで逆の位相の音
を重ねると、音圧は0になる。

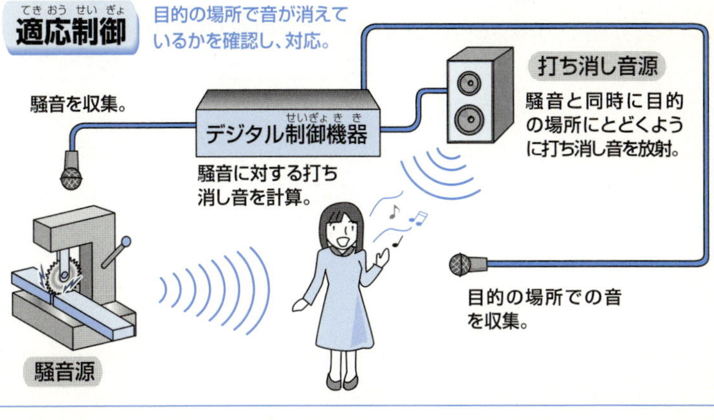
適《てき》応《おう》制《せい》御《ぎょ》
目的の場所で音が消えて
いるかを確認し、対応。
騒音を収集。
デジタル制《せい》御《ぎょ》機《き》器《き》
騒音に対する打ち
消し音を計算。
打ち消し音源
騒音と同時に目的
の場所にとどくよう
に打ち消し音を放射。
目的の場所での音
を収集。
騒音源

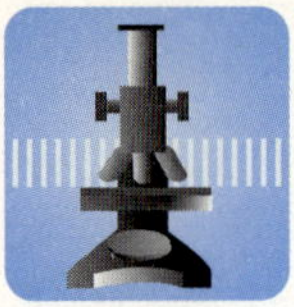

パラメトリックスピーカー

狙った人だけに音を聴かせるスピーカー

音は回折《かいせつ》（56ページ参照）によってまわり込んだり、広がったりするので、狭い領域に集めて出すのはむずかしい。波長の10倍の大きさの音源があれば、10度くらいのせまい角度にのみ音を出すことができる。しかし、例えば1kHzの音は波長が34cmなので、直径3.4mのスピーカーが必要であることになって、現実的ではない。小さなスピーカーをたくさん並べて、徐々にタイミング（位相）をずらした音を出しても、スピーカーを並べた方向にだけ音を出すことができる。しかし、これも相当たくさん並べないといけない。

強い超音波に音を乗せて放射すると、このようにスピーカーをたくさん並べたのと同じ効果が得られる。これをパラメトリックスピーカーといい、スポットライトのように、ある人だけに音を聴かせるというような芸当ができる。このためには、目的の可聴音《かちょうおん》で振幅変調《しんぷくへんちょう》された強い超音波を送波する。ラジオのAM波（188ページ参照）と同じで、電波のかわりに、超音波に可聴音をのせることになる。超音波は波長が短いので、小さい音源でも一方向だけに集中して放射される。しかし、このままでは、変調されていても超音波は超音波であるので、ラジオがないと電波が聞こえないのと同じで、耳には聞こえない。ところが、強い音波が伝わるときに、その強さゆえに媒質の性質が変化して、自らの波形がひずむ「非線形《ひせんけい》現象」（80ページ参照）を伴う。波形がひずむと、振幅変調した元の可聴音が出てくるという性質がある。これによって、超音波の進む道筋に、伝搬時間だけタイミングがずれた可聴音がばらまかれることになり、先の小さいスピーカーを並べたのにそっくりの状況が起きる。こうした少し複雑なメカニズムによって可聴音を一点だけに出すことができるのだ。

一方向にだけ音を出すには

音を一方向に絞って出すには……？

①波長の10倍ほどの大きなスピーカーを使う

3.4m
大きすぎる!!

1kHzの音を10°の角度内に放射するには、3.4mの巨大スピーカーが必要になる。

②小さなスピーカーをたくさん並べて、タイミング（位相）をずらして音を出す。

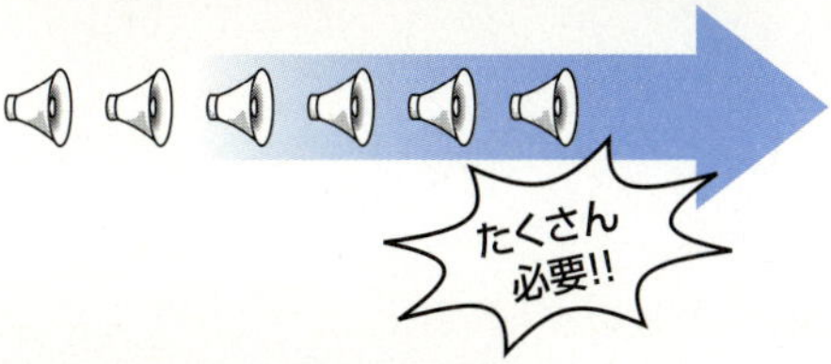
たくさん
必要!!

位相をずらして音を出すと、スピーカーの並んでいる方向だけに音が伝わるが、たくさんのスピーカが必要になる。

パラメトリックスピーカー

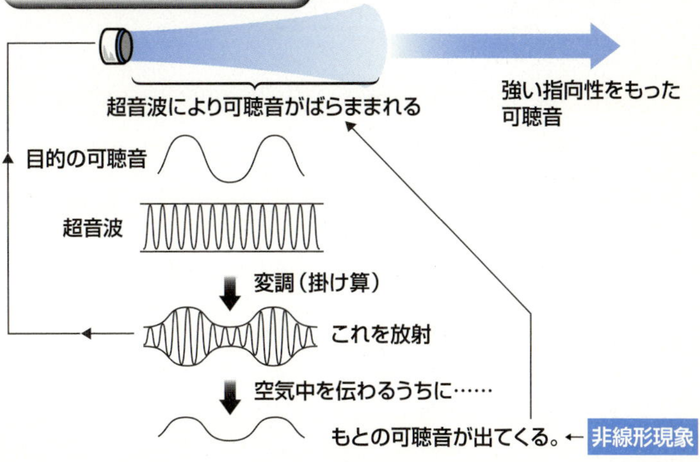
超音波により可聴音がばらままれる
強い指向性をもった
可聴音
目的の可聴音
超音波
変調（掛け算）
これを放射
空気中を伝わるうちに……
もとの可聴音が出てくる。
非線形現象

▶イルカの頭は音響レンズ？

大気や海水の温度差で音が屈折する現象について紹介したが、実は、周波数が高い音波である超音波を使えば、もっとスケールの小さなところでも、光で起きるような屈折をみることができる。

屈折は、伝搬速度の異なるふたつの媒質が接するところで生じる。そして、速度の大小関係によって、屈折する方向が決まる。つまり、伝搬速度が違う物体を伝わるとき、音や光は屈折しているのだ。さらに、物体の形によって、屈折にもいろいろな変化が現れる。

例えば、凸レンズや凹レンズを水中に置いてみよう。このとき、光と同じように音に対してもちゃんとレンズとしてはたらくのだ。ただし、光とは逆に、凸レンズで音が広がり、凹レンズを通った音は一点に集まる。これは、固体であるレンズの中の方が液体である水の中よりも音速が速いからだ。光は、反対に、レンズの中で速度が遅くなる。

ところで、イルカは超音波を操っていることが知られているが、丸みをおびたかわいらしい頭は脂肪のかたまりで、水との音速差によって音響レンズとして作用していると言われている。

Index

ま

や

ら

わ

参考文献

『くらしと音』	曽根敏夫	裳華房ポピュラーサイエンス
『音戯話』	山下充康	コロナ社新コロナシリーズ
『音の百科』	松下電器音響研究所編	東洋経済新報社
『音の科学ふしぎ事典』	唐澤誠	日本実業出版社
『音のなんでも小事典』	日本音響学会編	講談社ブルーバックス
『音楽の科学』	ジョン・R・ピアース（村上陽一郎訳）	日経サイエンス社
『音響振動工学』	西山静男他	コロナ社
『音の歴史』	早坂寿雄	電子情報通信学会
『図説エジソン百科』	山川正光	オーム社
『流体音響工学入門』	望月修・丸田芳幸	朝倉書店
『新版・やさしい超音波の応用』	藤森聰雄	秋葉出版
『やさしい超音波工学』	川端昭	工業調査会
『超音波技術便覧』	実吉純一・菊池喜充・能本乙彦監修	日刊工業新聞社
『静粛工学』	梅澤清彦編	開発社
『理科年表 1999 年版』	国立天文台編	丸善
日本音響学会誌　各号		

著者略歴

中村　健太郎（なかむら　けんたろう）

1963年東京生まれ。東京工業大学大学院卒。博士（工学）。東京工業大学・精密工学研究所・准教授。超音波の応用、音響・振動の測定、光計測の研究を、大学生・大学院生とともに楽しく行っている。
共著『音のなんでも小事典』（講談社ブルーバックス）など。

編集協力 ―――― 編集工房アモルフォ
編集担当 ―――― 山路和彦／ナツメ出版企画
イラスト協力 ―― 西　恵子
オフィス・リード

音のしくみ

発　行	1999年10月5日　第1版第1刷 2005年6月8日　第2版第1刷 2008年6月10日　第2版第6刷
著　者	中村健太郎
発行者	田村正隆
発行所	株式会社ナツメ社 東京都千代田区神田神保町1-52　加州ビル2F（〒101-0051） 電話 03（3291）1257（代表）／ FAX 03（3291）5761 振替 00130-1-58661
制　作	ナツメ出版企画株式会社 東京都千代田区神田神保町1-52　加州ビル3F（〒101-0051） 電話 03（3295）3921（代表）
印　刷	東京書籍印刷株式会社

ISBN978-4-8163-3917-2